Accès À L'eau Pour Les Agricultrices Sahéliennes:
Enjeux Pour Une Démocratie Inclusive

Editeurs:

Rosnert Ludovic Alissoutin
Ramata Molo Thioune

Langaa Research & Publishing CIG
Mankon, Bamenda

Publisher:
Langaa RPCIG
Langaa Research & Publishing Common Initiative Group
P.O. Box 902 Mankon
Bamenda
North West Region
Cameroon
Langaagrp@gmail.com
www.langaa-rpcig.net

Distributed in and outside N. America by African Books Collective
orders@africanbookscollective.com
www.africanbookcollective.com

ISBN: *9956-791-21-0*

DISCLAIMER
All views expressed in this publication are those of the author and do not necessarily reflect the views of Langaa RPCIG.

Editeurs:

Rosnert Ludovic ALISSOUTIN
Ramata Molo THIOUNE

Auteurs

Rosnert Ludovic ALISSOUTIN
Coumba DIOP
Rokhaya GAYE
Aninatou Daouda HAINIKOYE
Mossi Illiassou MAÏGA
Abdou El Mazide NDIAYE
Oumoul Khaïry NIANG
Amadou SALL
Dame SALL
Ramata THIOUNE
Mahamane TIDIANI ALOU

Biographie

Rosnert Ludovic ALISSOUTIN, est chercheur, chargé de cours et d'encadrement de mémoires de DEA à L'UFR de Sciences Juridiques et Politiques de l'Université Gaston Berger de Saint-Louis. Auteur de plusieurs ouvrages sur le développement, il a, depuis, 1998, appuyé le RADI et d'autres organisations publiques et privées, sur des questions liées notamment à la prise en charge du genre dans les politiques et programmes, au développement communautaire et à la méthodologie de recherche participative.

Coumba DIOP est titulaire d'un DEA de sociologie et, comme assistante de recherche, a comme centres d'intérêt : le genre, la sociologie de la famille et de l'éducation, la sociologie du développement, l'anthropologie sociale et culturelle, la psychologie sociale. Elle est membre de l'Observatoire pour l'Etude des Urgences, des Innovations et du changement social de l'Université Gaston Berger de Saint louis.

Rokhaya GAYE, est Juriste Responsable de Programme Juridique du RADI, qui promeut les droits humains à travers la vulgarisation et la défense des droits. Chercheure nationale du Projet de Recherche sur « *Effectivité des droits économiques des femmes au Sahel : cas du droit à l'eau à usage agricole en Mauritanie, au Niger et au Sénégal* », elle est membre fondatrice de plusieurs réseaux d'associations de lutte pour la défense des droits des femmes comme : le Comité de Lutte Contre les Violences Faites aux Femmes (CLVF), le réseau « Siggil Jigeen », le Groupe de Recherche sur les Femmes et les Lois au Sénégal (GREFELS).

Aminatou Daouda HAINIKOYE est juriste activiste engagée dans la défense et la promotion des droits des femmes au Niger. Elle a été l'assistante de recherche de l'équipe du Niger dans le cadre du projet « *Effectivité des droits économiques des femmes au Sahel :*

cas du droit à l'eau à usage agricole en Mauritanie, au Niger et au Sénégal ». Elle est la Secrétaire Générale du Réseau Effectivité des droits économiques des femmes au Niger (REDEF-Niger) mis en place par le projet de recherche regroupant les organisations féminines nigériennes.

Mossi MAÏGA ILLIASSOU, est chargé de recherche CAMES à l'Institut National de la Recherche Agronomique du Niger. Spécialiste en irrigation, il a une grande expérience dans la gestion technique et l'organisation sociale et foncière de l'irrigation au Niger et dans beaucoup d'autres pays du Sahel. Sa thèse, soutenue en 2009, porte sur la gouvernance des périmètres irrigués au Niger. Chercheur associé dans la mise en œuvre du projet de recherche sur « *Effectivité des droits économiques des femmes au Sahel : cas du droit à l'eau à usage agricole en Mauritanie, au Niger et au Sénégal »,* il a fortement contribué à la mise en place du Réseau pour l'Effectivité des Droits Economiques des Femmes au Niger.

Abdou El Mazide NDIAYE est expert en économie de développement. Il est le PDG de SONED Afrique (Société Nouvelle d'Ingénierie et d'Etude du Développement) et Président Fondateur du Réseau Africain pour le Développement Intégré (RADI), ONG constituée par des cadres africains pour participer plus activement au développement économique et social à la base par des actions intégrant le productif, le culturel et le social et responsabilisant les intéressés eux-mêmes.

Oumoul Khayri NIANG est anthropologue chercheure, Expert en genre, coordinatrice du Programme de Recherche sur « *Effectivité des droits économiques des femmes au Sahel : cas du droit à l'eau à usage agricole en Mauritanie, au Niger et au Sénégal ».* – RADI/CRDI. Elle est enseignante au Programme de formation en ligne sur genre et développement – IHEID de Genève. Auteure de plusieurs publications, articles et travaux sur les femmes et sur genre et développement, elle a été Directrice des Relations avec les Associations Africaines et Internationales et Conseillère

Technique au Ministère en charge de la femme et du genre au Sénégal. Elle est Coordinatrice du Groupe Girafe, pour le leadership des femmes.

Amadou SALL, est enseignant-chercheur à l'Université de Nouakchott, en Mauritanie, anthropologue de formation. Il capitalise plus d'une vingtaine d'année d'expérience de recherche, d'enseignement et d'engagement sur des questions qui se posent à sa société, telles que : santé et bien-être, inégalités et relations de domination, préjugés sociaux et discrimination, etc. Depuis le début des années 90, il milite activement pour la réalisation de la Démocratie et le Développement Economique et Social en Mauritanie en tant qu'acteur de la société civile mauritanienne. Son combat se poursuit aujourd'hui à l'intérieur du Réseau des Organisations de la Société Civile pour la Promotion de la Citoyenneté (RPC) dont il est le Président.

Dame SALL est économiste, Secrétaire General du RADI, titulaire d'un Master 2, Spécialités Internationales, « Gouvernance de Projet de Développement en Afrique » de l'Université de PARIS 11 en France. Il est coauteur d'un manuel sur la Gestion des Groupements Paysans de Production publié en 1990 par Gestion Norsud Canada. Il est également coordonnateur, en tant que Vice Président du Conseil des Ongs d'Appui au Développement (CONGAD), du processus d'élaboration du premier Livre Bleu Sénégal « l'Eau, la Vie, le Développement Humain ».

Ramata Molo THIOUNE est économiste/environnementaliste, administratrice de programmes principale au Bureau pour l'Afrique Subsaharienne du Centre de recherches pour le développement international du Canada. Ses domaines d'intérêt actuels comprennent entre autres les TIC pour le développement, l'inclusion et la participation citoyenne, la gouvernance, les droits des femmes.

Mahaman TIDJANI ALOU est professeur agrégé de science politique à l'université Abdou Moumouni de Niamey où il assure les fonctions de Doyen de la Faculté des Sciences Economiques et Juridiques. En outre, il est chercheur au Laboratoire d'Etudes et de Recherches sur les Dynamiques Sociales et le Développement Local (LASDEL) de Niamey, qu'il a dirigé au cours de ses six premières années. Ses publications touchent aux questions liées à la coopération internationale, à l'Etat, à la société civile, à la gouvernance démocratique, aux droits humains, aux pouvoirs locaux en Afrique de l'Ouest et, principalement, au Niger.

Remerciements

Le Réseau Africain pour le Développement Intégré (RADI) remercie vivement le Centre de Recherches pour le Développement International du Canada (CRDI) pour l'appui technique et financier apporté au Projet de Recherche – Action : « *Effectivité des droits économiques des femmes, cas de l'accès à l'eau à usage agricole en Mauritanie, au Niger et au Sénégal* » dont la présente publication est le principal produit. Ces remerciements vont surtout à l'endroit de Mme Ramata Thioune du CRDI pour son appui – conseil constant, mais aussi pour sa précieuse contribution à la rédaction de cet ouvrage.

Enfin, le RADI exprime toute sa gratitude aux personnes et institutions publiques et privées qui ont contribué à la réalisation du projet, en particulier les membres du comité scientifique du projet ainsi que les agricultrices et agriculteurs de la Mauritanie, du Niger et du Sénégal qui ont généreusement participé à la recherche.

Sommaire

Chapitre 4: Sénégal
Accès Des Femmes A L'eau A Usage Agricole:
Des Initiatives Encore Balbutiantes..................... 111

Préface

Par Mazide Ndiaye[1] et Dame Sall[2]

Les organisations non gouvernementales à travers le monde ont mis énormément d'énergie et de sacrifices dans la lutte en faveur des plus démunis et des plus vulnérables et se sont investies pour éradiquer l'arbitraire, parfois sans attendre les statistiques qui pourraient en déterminer l'ampleur. Pour ces organisations, en effet, même à petite échelle, l'injustice sociale, politique, économique doit être corrigée.

Le Réseau Africain pour le Développement Intégré (RADI) a, depuis sa création, comme les autres organisations de la Société Civile, mobilisé d'importantes ressources humaines et matérielles pour tenter de remédier aux inégalités constatées contre les démunis fragilisés par une dynamique sociale qui creuse chaque jour l'écart entre eux et les nantis.

Le projet de recherche qui a généré cet ouvrage, a été pour le RADI, l'opportunité d'une collaboration avec le CRDI pour fonder son activisme sur l'analyse scientifique d'une injustice spécifique subie par les femmes dans le droit à l'eau de production agricole. Cette recherche - action a été l'occasion de s'approprier les outils, les normes et méthodes scientifiques pour établir de manière universelle les constats qui fondent son analyse de la société et justifient sa mobilisation contre ce qui gangrène son harmonie : l'iniquité.

Dans le Sahel, l'eau est fondamentale pour survivre et produire surtout avec l'irrégularité des pluies et les sécheresses désastreuses qui ne cessent de confirmer la marche vers une désertification. La maitrise de l'eau et sa gestion communautaire s'imposent à tous les peuples du sahel pour assurer la continuité

---

[1] Réseau Africain pour le Développement Intégré.
[2] Réseau Africain pour le Développement Intégré

de la production agricole malgré les incertitudes du climat. Il eût été normal que la volonté politique qui justifie l'investissement collectif dans la construction de périmètres irrigués génère également des lois et règlements équitables envers tous les segments de la société. Cet ouvrage démontre qu'il n'en sera malheureusement pas ainsi.

Dans les États sahéliens, les surfaces irriguées sont très nettement insuffisantes et le seraient encore si elles étaient multipliées par cent. La lutte pour y avoir droit est donc très rude.

Comme partout dans le sahel, deux segments sociaux seront les derniers servis : les femmes du fait du patriarcat qui, automatiquement, confère à l'homme la responsabilité de la famille et les jeunes, victimes de la mentalité gérontocratique de nos sociétés qui les exclut des sphères de prise décision.

Par cette étude, le RADI et ses partenaires du Niger (le Laboratoire d'Études et de Recherches sur les Dynamiques Sociales et le Développement - LASDEL) et de la Mauritanie (le Réseau d'Organisations de la société civile pour la Promotion de la Citoyenneté - RPC) avec l'appui et la participation du Centre de Recherches pour le Développement International (CRDI-Canada) établissent de manière scientifique le déni de droit économique dont les femmes sont victimes dans la répartition de l'eau de production dans les périmètres irrigués. Ils démontrent que, dans ces 3 pays, la part des femmes dans les terres aménagées pour l'irrigation se situe entre 3 et 6 % et concerne généralement les plus difficilement exploitables.

Ceci est intolérable, mais pas surprenant dans la mesure où tous les pays et toutes les civilisations du monde, à un moment généralement long de leur histoire, ont considéré la femme comme sans racine puisque, de sa naissance à la puberté, elle est préparée mentalement et physiquement à se considérer comme destinée à quitter le clan familial pour rejoindre un autre clan. Son clan d'origine évitera donc de lui attribuer durablement une partie de son patrimoine, surtout la terre. Son clan d'accueil la considérant comme une étrangère qui garde le droit de retourner chez elle préservera son patrimoine avec la même logique. Ainsi, "dans la coutume, la femme reste mineure toute sa vie, sous l'autorité de son père en tant que jeune fille, sous celle de son mari ensuite. Veuve, elle est héritée ou reste sous l'autorité de son fils [3]» (Faye, 2003). Cette logique qui considère la femme comme non enracinée la transforme en être virtuel auquel des droits peuvent être reconnus à condition qu'il ne soit pas question de les appliquer effectivement. C'est aussi la raison pour laquelle aucune protestation n'est entendue à l'occasion de la promulgation de lois réaffirmant ou rééquilibrant l'égalité de droit entre les sexes. La certitude qu'elle ne sera pas appliquée ou qu'il sera possible de l'ignorer sans conséquence est toujours très forte dans les esprits.

Au Sénégal, la loi sur le domaine national, et le code de la famille sont des exemples de lois royalement ignorées ou appliquées seulement dans ses aspects qui ne dérangent pas les habitudes.

Cet ouvrage traite particulièrement de l'effectivité du droit de la femme à posséder l'eau pour assurer sa production agricole, mais également l'équité dans la distribution des terres, car sans terre il n'y a pas besoin d'eau productive. Certains gouvernements ont signé des traités et accords internationaux, élaborés des lois et règlements, mais sans avoir la moindre idée de leur niveau de mise en œuvre. Certaines lois mettent des dizaines d'années avant de voir leur décret d'application. Elles ont besoin d'un déclencheur, et, en politique, la mobilisation des concernés, leur vitalité et leur détermination à faire respecter leurs droits constituent le principal levier. La capacité de mobilisation des femmes passe par leur conscientisation autour de thématiques bien maitrisées présupposant une bonne connaissance de la problématique et c'est dans cette optique que s'est inscrit le RADI pour réaliser le projet de Recherche – Action sur les droits économiques des femmes.

---

[3] Jacques Faye, 2003, « Femmes et foncier au Sénégal », communication présentée à l'atelier international, « femmes rurales et foncier », 25-27 février 2003, Thiès, Sénégal.

Cet ouvrage est aussi un outil pour la société civile parce que montrant la voie pour maitriser scientifiquement une problématique à partir de constats établis selon des normes universelles irréfutables pour servir de thématique de plaidoyers mobilisateurs.

Avant Propos

Par Ramata Thioune[4]

L'inégalité entre les sexes continue de compromettre les chances des jeunes filles et des femmes de se réaliser en tant que citoyennes, actrices et partenaires à parts égales dans le développement de leur collectivité, et ce, malgré les gains considérables enregistrés au cours des dernières décennies. Bien que divers instruments juridiques obligent la communauté internationale et les États à faire respecter les droits des femmes, les engagements contractés au niveau international ne sont pas toujours reconnus par les lois nationales ou ne s'appliquent pas dans les faits. Cette situation est beaucoup plus amplifiée pour ce qui concerne les droits économiques, droits non justiciables, des femmes sahéliennes, à titre de citoyennes et aussi souvent d'actrices économiques dynamiques, qui en plus de subir systématiquement des inégalités basées sur le genre, vivent aussi les crises économiques structurelles.

En 2006, le Centre de Recherches pour le Développement International du Canada (CRDI-Canada) avait lancé le programme Droits des Femmes et Participation Citoyenne (DFPC) pour soutenir des projets de recherche qui promeuvent, dans les débats politiques et les programmes de développement, les besoins des femmes, notamment pauvres et marginalisées. Cette promotion des besoins stratégiques des femmes passe par la production de données probantes et d'analyses solides sur des préoccupations concrètes ayant trait, entre autres et en particulier, aux droits économiques des femmes. Elle passe aussi par le renforcement des capacités en matière de recherche et d'analyse des politiques, des personnes et des groupes œuvrant dans le domaine des droits des femmes et de leur participation citoyenne. Elle sert aussi à

---

[4] Centre de Recherches pour le Développement International

dénoncer et contester les discriminations à l'endroit des femmes et à formuler des recommandations concrètes en vue d'amener des changements politiques et sociaux.

C'est dans ce contexte que le CRDI s'est engagé avec le RADI, institution de la société civile reconnue pour son engagement dans la lutte pour le respect des droits des citoyens, dans le projet de recherche-action « *Effectivité des droits économiques des femmes au Sahel : cas du droit à l'eau à usage agricole en Mauritanie, au Niger et au Sénégal* », base de cette publication. Ce livre vient à son heure. En effet, en 2008, au moment où ce projet de recherche-action était en gestation pour être soumis au CRDI, le monde, en particulier les pays et les citoyens du Sahel, était en train d'imaginer des stratégies de sortie d'une crise alimentaire sans précédent. Si l'histoire ne se répète pas, elle semble avoir bégayé dans ce cas. En effet, en 2012 encore, au moment où cet ouvrage est en préparation, une menace de crise alimentaire sévère planait sur la région sahélienne, mettant potentiellement en danger plusieurs millions d'êtres vivants.

Or, il est largement connu que dans ces périodes de crise, toutes les esprits sont généralement concentrés sur la recherche de solutions et de réponses rapides, immédiates pour permettre aux plus vulnérables de passer à travers. Dans ce contexte, les actions et interventions les mieux intentionnées pèchent par le fait ne pas reconnaître ou intégrer la complexité des causes profondes et multiformes des crises. Le travail qui a conduit à cet ouvrage contribue à une rupture salutaire dans ces stratégies de sortie de crises. Il est basé sur la conviction que, certes des actions rapides sont nécessaires pour pallier leurs conséquences, mais, la recherche de solutions durables à ces crises récurrentes, passe par l'identification et la maîtrise de leurs causes structurelles.

Ainsi, ce livre, destiné aux chercheurs, aux décideurs publics et autres agents de changement, apporte une contribution significative en termes de connaissances nouvelles, obtenues à partir d'une démarche méthodologique rigoureuse et de données probantes, sur l'accès des femmes sahéliennes à l'eau à usage agricole. D'autre part, il apporte des réponses stratégiques à la prévention des crises alimentaires récurrentes. Tout en complétant les connaissances disponibles sur l'accès des femmes à la terre, il retrace la démarche inclusive d'investigation ayant débouché sur l'action, notamment par une expérimentation de solutions, dans trois pays du Sahel, en l'occurrence, la Mauritanie, le Niger et le Sénégal. Ces pays semblent du reste être plus touchés par les inégalités de genre et les crises alimentaires récurrentes.

Plus précisément, cet ouvrage met en évidence la nécessité d'une exploration des voies et moyens pour améliorer l'accès et le contrôle des femmes sur les ressources en eau pour l'agriculture, notamment dans le contexte actuel des changements climatiques, de raréfaction des ressources en eau, de crise alimentaire et de féminisation de la pauvreté.

Il présente une masse critique de connaissances relatives, entre autres, à la manière d'introduire des transformations dans les relations de genre pour faciliter l'implication des femmes dans la gestion des ressources collectives, et aux voies et moyens pour procéder à une réorganisation des structures de gestion de l'eau à usage agricole et des mécanismes locaux de régulation des relations au sein des institutions locales impliquées pour une amélioration de la sécurité alimentaire, la femme étant une actrice agricole centrale au Sahel. En outre, le livre contient des recommandations stratégiques sur comment repenser les politiques publiques et les pratiques pour la gestion inclusive d'une ressource clé, que constitue l'eau à usage agricole, tout en tenant compte des droits économiques des femmes.

Depuis sa création en 1970, le CRDI a appuyé la production de données probantes ainsi que la réflexion autour des stratégies de valorisation des résultats de recherche pour le changement, ceci à travers plusieurs modalités d'appui à la recherche. Cette publication est le fruit d'une collaboration entre chercheurs et acteurs de la société civile, approche promue par le CRDI. L'engagement du CRDI avec le RADI et ses partenaires de la Mauritanie, du Niger et du Sénégal s'inscrit dans cette dynamique.

Il a contribué ainsi à mieux comprendre les bases d'une alliance stratégique entre chercheurs et acteurs de la société civile, agents de changements, pour susciter des transformations sociétales profondes, en l'occurrence les relations de genre autour des ressources naturelles, souvent entourées de symbolismes qui rendent les luttes pour l'égalité et l'équité très âpres.

À travers les chapitres qui constituent ce livre, l'on peut sentir que, objectivement, beaucoup d'énergie et de temps sont encore nécessaires pour apporter les changements indispensables pour que l'égalité en droits et l'effectivité des droits économiques des femmes soient une réalité au Sahel. En effet, plusieurs défis se posent encore en termes de capacité de ces femmes à prendre en charge elles-mêmes l'agenda de l'égalité, à développer des stratégies de lutte et tactiques efficaces, endogènes et systématiques pour une jouissance maximum de leurs droits économiques. Des défis se posent également pour des réponses appropriées de la part des pouvoirs publics, des collectivités locales et des familles, lieux d'expression des inégalités de genre. Cependant, l'espoir est permis !

Introduction

Par Ramata Thioune et Oumoul Khaïry Niang[5]

« L'eau est source de vie ! », dit-on souvent. Cette assertion est particulièrement vraie dans la zone saharo-sahélienne comprise entre les isohyètes de 100 à 200 et 200 à 400 millimètres. La région est très fragile et présente des contraintes structurelles d'ordre géographique, climatique et anthropique. Dans ce contexte, les populations ont développé des stratégies d'adaptation et de résilience qui n'ont pas manqué d'influencer, voire même de renforcer, les relations de pouvoirs pour le contrôle des ressources rares que sont la terre (cultivable) et en particulier l'eau, objet d'utilisations concurrentes, mais essentielles pour le bien-être des sociétés et des individus. Cette rareté et la concurrence qu'elle génère entrainent forcément des processus de négociations et souvent de contestations qui conduisent à des stratégies de sécurisation et de contrôle de ressources vitales, comme l'eau, processus qui se prolongent avec des stratégies de détermination des détenteurs de droits sur cette ressource.

Dans le Sahel ouest-africain, ces stratégies subissent une double influence, d'une part, celle des lois formelles nationales et internationales et d'autre part, celles des conventions et pratiques informelles dont les coutumes et institutions locales qui régulent l'accès à l'eau. Il faut souligner ici, que, contrairement aux autres ressources naturelles, même si récemment le droit à l'eau a été consacré comme un droit universel, les droits d'accès à l'eau ne sont encore codifiés dans aucun des cadres juridiques existants, tant formel, qu'informel. Ainsi, les sociétés sahéliennes étant foncièrement patriarcales, l'on peut aisément imaginer la nature des relations de genre dans les processus de contrôle et d'accès à cette ressource.

---

[5] Ministère en charge du genre

En outre, l'eau étant une ressource commune, les usages d'un groupe affectent inévitablement ceux des autres. En conséquence, des stratégies de négociations et d'exclusion à l'accès et au contrôle de cette ressource qui se développent sont façonnées selon les rapports de pouvoir en vigueur. Qui plus est, l'accès à l'eau d'irrigation est étroitement lié à l'accès à la terre (IIED, 2009).

Cependant, les changements dans les dynamiques sociales liés à cette ressource rare sont très peu étudiés ; il en est ainsi des stratégies et conditions dans lesquelles les femmes négocient leurs droits d'accès à cette ressource. Aussi, la littérature aborde faiblement les capacités de ces femmes à négocier et à faire valoir leurs droits acquis.

Ce livre cherche à contribuer à combler cette lacune. À travers des études de cas nationales menées en Mauritanie, au Niger et au Sénégal, il fait ressortir les opportunités, mais aussi les défis les plus importants auxquels les femmes sont confrontées notamment dans leur statut d'actrices économiques, agricoles en particulier, dans la reconnaissance et l'expression de leur citoyenneté et dans leurs capacités à négocier et à jouir de leurs droits d'accès à l'eau à usage productif.

Aménagements Hydro Agricoles : Opportunités pour un accès des agricultrices sahéliennes à l'eau ?

Nul besoin d'insister sur le rôle central de l'eau dans les activités économiques et dans le bien-être des individus et des sociétés, au Sahel en particulier, où les pouvoirs publics ont dû développer des stratégies et mettre en place des politiques et programmes pour un accès pérenne à cette ressource, notamment dans une perspective productive. Au nombre de ces politiques et stratégies, l'irrigation, c'est-à-dire la sécurisation de la disponibilité de quantités d'eau suffisantes pour l'agriculture, et le développement des aménagements hydro-agricoles semblent être les plus communes entre la Mauritanie, le Niger et le Sénégal.

Ainsi, l'apport de l'eau dans les champs cultivés dans des zones qui subissent âprement les effets d'une longue saison sèche et des températures élevées est la formule par excellence choisie par ces États pour lutter contre les contraintes climatiques.

Le choix délibéré de concentrer la recherche sur les aménagements hydro-agricoles, est légitimé, d'abord, par le fait que ces nouveaux types d'organisation devraient pouvoir contribuer à l'émergence de changements significatifs dans les relations de genre pour favoriser une plus grande égalité entre les sexes dans l'accès et le contrôle des ressources. En effet, il est démontré que les investissements dans les infrastructures sont une occasion de réduire les principales asymétries en particulier entre les hommes et les femmes qui entravent un développement économique et social efficace, en particulier dans les zones rurales qui représentent encore plus de 65 % de la population d'Afrique subsaharienne. En outre, le choix des aménagements hydro-agricoles comme espaces d'exploration de l'accès équitable des femmes aux ressources hydriques est justifié par la particularité des systèmes pluviaux eu égard aux aménagements hydro-agricoles qui sont développés selon une perspective néolibérale et engendrent des changements dans les relations entre les citoyens et la ressource hydrique : l'eau dans ces aménagements est désormais une commodité et a un coût monétaire, contrairement au système pluvial. Cependant, ce changement du statut de l'eau engendre et conforte lui-même les inégalités existantes (Sabourin et all, 2002[6] ; Zwarteveen, 1997) dont celles liées au sexe, renforcées notamment par la logique technocratique, fondement des aménagements hydro-agricoles. Ainsi, les distorsions que posent ces aménagements hydro-agricoles ne sont pas intégrées dans la recherche alors que ce changement du statut de l'eau engendre des incidences sociales, souvent imprévisibles.

---

[6] SABOURIN, Eric, SIDERSKY, Pablo, MATOS, Luis Claudio, TRIER, Rémi (2002) : « Gestion technique vs gestion sociale de l'eau dans les systèmes d'agriculture familiale du Sertão brésilien » ; Science et changements planétaires / Sécheresse. Volume 13, Numéro 4, 274-83, Décembre 2002, Brésil

Par ailleurs, si les bienfaits des systèmes d'irrigation ont fait systématiquement l'objet de recherches, notamment dans une perspective structuraliste-fonctionnaliste, productiviste et organisationnelle, les aspects sociaux semblent être moins étudiés au niveau micro et en particulier dans la perspective de l'égalité entre les sexes. Or, il faut reconnaitre que le groupe d'individus utilisant un système d'irrigation donné est hétérogène tant du point de vue de son sexe, de la surface à irriguer, de la qualité du sol, des spéculations pratiquées, du type d'activités menées en dehors de l'agriculture et des revenus dérivés, de la taille et composition du ménage, entre autres. Ainsi, chaque individu a des besoins spécifiques en eau, besoins qui ne peuvent pas être satisfaits sur la base de systèmes standardisés de règles et d'organisation.

Les conceptions et pratiques dans les systèmes d'irrigation et les aménagements hydro-agricoles véhiculent des stéréotypes de genre qui sont inhérents à la plupart des activités de développement (Zwarteveen, 1997). Les hommes sont perçus comme étant les utilisateurs « naturels » de l'eau à usage agricole, reflétant ainsi les conceptions fortement ancrées considérant l'homme comme le chef de l'exploitation familiale, donc le principal producteur, le décideur et le pourvoyeur de ressources ; son épouse ne jouant que le rôle de soutien notamment dans les activités de reproduction. Selon cette perspective, alors, la femme n'a en principe pas de besoins spécifiques en eau, notamment en tant que productrice. Cette idée est conforme à une hypothèse de la théorie et des politiques économiques qui veut que dans la mesure où le ménage est une unité d'intérêts convergents, les ressources y seront partagées équitablement, indépendamment des relations de genre (Agarwal, 1994).

Or, au Sahel ouest-africain, avec les rigueurs climatiques de plus en plus éprouvantes et entrainant un exode masculin massif des zones rurales aux zones urbaines, le rôle des femmes dans la production agricole a significativement évolué, consacrant ainsi une féminisation de la production agricole et de l'exploitation familiale (Genesio et al, 2011)[7].

Ainsi, se pose un dilemme entre, d'une part, les effets bénéfiques de l'irrigation et de la maîtrise de l'eau et, d'autre part, les incidences des politiques d'irrigation sur la reproduction des inégalités de genre et des relations de pouvoir qui affectent les droits des femmes, particulièrement les plus défavorisées.

Les pays choisis pour la recherche à savoir la Mauritanie, le Niger et le Sénégal partagent les caractéristiques marquantes du Sahel, une pauvreté interférant avec les contraintes liées à la maitrise de l'eau ainsi que la ténacité des disparités de genre qui affectent les droits des femmes et pérennisent les discriminations à leur égard. Ils offrent ainsi un terrain fertile à l'exploration des opportunités de changements pour un rééquilibrage des relations de pouvoirs dans la gestion de ressources stratégiques comme l'eau à usage productif.

Pour ce faire, dans la recherche qui sous-tend cette publication, trois axes principaux de questionnement ont structuré la réflexion. Ces questionnements sont basés sur le postulat que les inégalités de genre dans la problématique de l'eau résident non pas dans les utilisations, mais surtout dans l'accès et le contrôle de cette ressource (Zwarteveen, 1997).

La première série de questionnements est articulée autour d'une compréhension des contraintes multidimensionnelles à l'effectivité du droit des femmes à l'eau dans les exploitations hydro-agricoles. Elle explore aussi l'existence, la pertinence et l'efficacité de mesures nationales et locales, légales, institutionnelles et programmatiques prises par les États de la Mauritanie, du Niger et du Sénégal, pour protéger et donner effet aux droits d'accès à l'eau à usage agricole pour les femmes.

---

[7] Genesio, L.; Bacci, M.; Baron, C.; Diarra, B. ; Di Vecchia, A. ; Alhassane[4], A. ;Hassane, I. ; Ndiaye, M.; Philippon, N.; Tarchiani, V. ;Traoré, S. (2011) : "Early warning systems for food security in West Africa: evolution, achievements and challenges" in Volume 12, Issue 1, pages 142–148, January/March 2011.

Les études et recherches menées sur le rôle et la place des femmes dans la gestion de l'eau, se limitent en général, à l'analyse du rôle reproductif de ces femmes et mettent surtout l'accent sur la pénibilité de la corvée d'eau à usage domestique. Au surplus, d'une façon générale, les recherches féministes sur les droits des femmes aux ressources abordent faiblement ceux de l'accès à l'eau à usage agricole, mettant plus l'accent sur les droits d'accès aux ressources foncières et forestières (Sabourin et al; 2002). Par ailleurs, ces études ont faiblement intégré les effets des variations du climat et de leurs incidences au Sahel notamment en Mauritanie, au Niger et au Sénégal. Ces pays, du Sahel ouest-africain, sont structurellement confrontés à des pénuries de pluies, mettant plus de pression sur les cours d'eau pérennes, mais également sur les ressources foncières « utiles ». Cette situation contribue à exacerber les relations asymétriques de pouvoirs au sein des communautés, ceci malgré des cadres juridiques progressistes et des réformes institutionnelles engagées telles que la décentralisation, qui devraient ouvrir des opportunités à tous les citoyens à l'accès et à la gestion des ressources, y compris les femmes. Les difficultés des femmes à exercer leurs droits d'accès à l'eau à usage agricole et aux ressources sous-jacentes, en dépit de l'existence d'une législation avancée, semblent s'expliquer ainsi par leur position sociale dévalorisée face au rôle masculin dominant.

La deuxième série de questionnements est relative à la citoyenneté des femmes et explore leurs rôles dans les mécanismes et stratégies locaux de gestion de l'eau ainsi que les stratégies développées par les agricultrices pour un accès effectif et durable à l'eau. Dans cette quête de connaissances, se pose également la problématique de la capacité des femmes à exprimer et exercer leur citoyenneté dans la gestion de l'eau, le rôle que les femmes locales jouent dans l'accès et le contrôle d'une ressource économique de proximité aussi vitale que l'eau. L'effectivité des droits économiques réfère à la citoyenneté impliquant la reconnaissance du citoyen par l'État, avec une légitimité d'exercer ses droits civils et politiques et d'assumer ses devoirs civiques face aux institutions. Inscrite, à la fin des années 80, dans le cadre de la problématique des rapports de genre, la citoyenneté est devenue un objet de revendication des organisations de défense des droits des femmes. Ces mouvements vont s'appuyer entre autres sur le Pacte International relatif aux Droits Economiques, Sociaux et Culturels (PIDESC)[8], adopté en 1966 par l'Assemblée générale des Nations-Unies, comme cadre de plaidoyer. Cet instrument (tout comme le Pacte relatif aux droits civils et politiques /PIDCP) reconnait le principe de non-discrimination et réitère l'interdiction de la discrimination fondée sur le sexe.

En plus du PIDESC qui est applicable depuis 1978 au Sénégal, 1987 au Niger et 2004 en Mauritanie, ces pays ont par ailleurs mis en place des législations assez affinées pour le respect des droits fondamentaux des femmes et les gouvernements sont tenus de protéger ces droits. En même temps, les systèmes de décentralisation institutionnalisés dans les pays du sahel offrent un potentiel réel pour la participation effective des citoyens et citoyennes aux décisions de développement de leurs localités.

Or, la recherche a montré que le pouvoir des hommes structure les possibilités des femmes à exercer leurs droits économiques, même dans le cadre de politiques et programmes publics conçus pour apporter le mieux-être à toutes les catégories de la population, telles que les aménagements hydro-agricoles. Ainsi les relations asymétriques de pouvoir dans l'accès et le contrôle des ressources sont prolongées dans la sphère publique des femmes, en particulier dans leurs présences au sein des structures de gestion des ressources.

La troisième série de questionnements est articulée autour d'une meilleure compréhension des voies et moyens qui pourraient amener les populations à une vision partagée des responsabilités dans la gestion de l'eau et dans la réalisation d'infrastructures hydro-agricoles, des rôles pour les Collectivités locales, des collaborations avec les organisations locales de

---

[8] http://www2.ohchr.org/french/law/cescr.htm

femmes et d'appui à la promotion de l'équité ainsi que des rôles pour les pouvoirs publics.

Dans quelle mesure l'argumentaire basé sur la reconnaissance d'une lacune entre les pratiques et les textes est-il suffisant pour expliquer la pérennisation des inégalités entre les hommes et les femmes ? Il faut souligner que le contexte néolibéral du moment véhiculé dans les politiques d'accès à l'eau semble ouvrir une fenêtre d'opportunités pour la réalisation de l'agenda féministe. Plusieurs chercheurs féministes voient dans l'individualisation et la privatisation des droits d'accès à l'eau une opportunité de défier les inégalités de genre fortement ancrées et reproduites dans le temps et dans l'espace pour ce qui est de l'accès et le contrôle des ressources. Cependant le doute est permis. D'une part, les droits d'accès à l'eau sont moins clairs et donc plus exposés aux contestations à tous les niveaux et selon les différents cadres juridico-légaux qui régissent les ressources naturelles. Et d'autre part, la conception et le cadre analytique néolibéral de la gestion de l'eau a tendance à occulter et/ou rendre invisibles les politiques et les dynamiques de pouvoirs qui émergent de cette gestion de l'eau, gestion dans laquelle les femmes semblent être peu présentes.

La présente publication cherche à systématiser les réponses apportées à cet ensemble de questionnements par le biais de la recherche menée en Mauritanie, au Niger et au Sénégal ainsi que le plaidoyer associé aux renforcements de capacités qui en découle. Elle ambitionne aussi de contribuer à la mise à disposition de connaissances empiriques permettant de favoriser des transformations en faveur des droits économiques des femmes.

Le chapitre 1 présente la démarche méthodologique utilisée dans le cadre de la recherche qui a conduit à cette publication. Ce chapitre fait ressortir d'une part l'importance de la participation et d'autre part l'importance de l'approche progressive notamment dans la perspective de la construction d'une conscience citoyenne aussi bien des femmes que des hommes pour la promotion des droits économiques des femmes, en particulier leur accès à l'eau à usage agricole. Cette approche est nécessaire pour arriver à transformer et transcender les contraintes majeures qui se dressent sur le chemin de la lutte pour l'égalité de genres

Les chapitres 2, 3 et 4 présentent une synthèse des résultats de la recherche successivement en Mauritanie, au Niger et au Sénégal. En clair, tous les 3 chapitres, malgré les contextes spécifiques qui caractérisent ces trois pays montrent que la revendication et la lutte des femmes pour l'accès à l'eau à usage agricole peuvent être considérées au Sahel, caractérisé par une raréfaction de l'eau à usage productive, comme porte d'entrée principale pour l'autonomisation (*empowerment*) des agricultrices sahéliennes.

La conclusion présente une synthèse des résultats dans les trois pays tout en suggérant des approfondissements de la recherche pour des changements politiques et stratégiques dans le sens d'améliorer l'accès et le contrôle des femmes sur l'eau à usage agricole.

Bibliographie

Agarwal, Bina (1994), A Field of One's Own: Gender and Land Rights in South Asia Cambridge: Cambridge University Press

Athukorala, K. and M. Zwarteveen (1994). "Participatory management: Who participates?" *Economic Review* 20(6): 22–25.

Genesio, L.; Bacci, M.; Baron, C.; Diarra, B. ; Di Vecchia, A. ; Alhassane[4], A. ;Hassane, I. ; Ndiaye, M.; Philippon, N.; Tarchiani, V. ;Traoré, S. (2011) : "Early warning systems for food security in West Africa: evolution, achievements and challenges" in Volume 12, Issue 1, pages 142–148, January/March 2011

Goetz, A. M. (1995), "The politics of integrating gender to state development processes: Trends, opportunities and constraints in Bangladesh, Chile, Jamaica, Mali, Morocco, and Uganda," Occasional Paper No. 2. Geneva, Switzerland: UNRISD.

ICWE (International Conference on Water and the Environment) (1992). Development issues for the 21st century. The Dublin Statement Report of the Conference. ICWE Conference January 26–31. Dublin, Ireland: ICWE.

P. Garin, P.Y. Le Gal et Th. Ruf (2002): La gestion des périmètres irrigués collectifs à l'aube du XXIe siècle, enjeux, problèmes, démarches. Actes de l'atelier, 22-23 janvier 2001, Montpellier, France. Pcsi, Cemagref, Cirad, Ird, Montpellier France, Colloques, 280 p.

SABOURIN, Eric, SIDERSKY, Pablo, MATOS, Luis Claudio, TRIER, Rémi (2002) : « Gestion technique vs gestion sociale de l'eau dans les systèmes d'agriculture familiale du Sertão brésilien » ; Science et changements planétaires / Sécheresse. Volume 13, Numéro 4, 274-83, Décembre 2002, Brésil

Zwarteveen, M. (1997). "Water: From basic need to commodity. A discussion on gender and water rights in the context of irrigation," World Development 25(8): 1335–1350.

Liste Des Sigles et Abréviations

CILSS	Comité Inter-Etats de lutte contre la Sécheresse au Sahel
CRDI	Centre de Recherches pour le Développement International
CSLP	Cadre Stratégique de Lutte contre la Pauvreté
DESC	Droits Économiques, Sociaux et Culturels
DFPC	Droits des Femmes et Participation Citoyenne
FIDA	Fonds International de Développement de l'Agriculture
FAO	Organisation des Nations Unies pour l'Alimentation et l'Agriculture
IIED	Institut International pour l'Environnement et le Développement
LASDEL	Laboratoire d'Études et de Recherches sur les Dynamiques Sociales et le Développement
MASEF	Ministère des Affaires Sociales, de l'Enfance et de la Famille
OMS	Organisation Mondiale de la Santé
OMVS	Organisation pour la Mise en Valeur du Fleuve Sénégal
ONG	Organisation Non Gouvernementale
OSC	Organisation de la société civile
PDIAM	Programme de Développement Intégré de l'Agriculture Irriguée en Mauritanie
PIDCP	Pacte International relatifs aux Droits Civils et Politiques
PIDESC	Pacte International relatif aux Droits Economiques, Sociaux et Culturels
PHI	Programme Hydrologique International
RADI	Réseau Africain pour le Développement Intégré

RAP	Recherche – Action-Participative
RPC	Réseau d'organisations de la société civile pour la Promotion de la Citoyenneté
SAED	Société d'aménagement et d'exploitation des terres de la vallée et du Delta du Fleuve Sénégal et de la Falémé
SONADER	Société Nationale de Développement Rural

Liste des tableaux et figures

Photos

Chapitre 1

Repères méthodologiques

Par Rosnert Ludovic Alissoutin[1]

La méthodologie revêt un caractère décisif dans toute initiative de recherche. Elle balise le processus d'investigation et, si elle est pertinente et rigoureuse, accrédite les résultats obtenus. Son importance est encore plus forte en matière de recherche-action puisqu'elle doit, dans ce cas, en plus des exigences scientifiques classiques, indiquer les conditions d'un passage méthodique de la connaissance à l'action.

Loin d'être une fin en soi, le rappel des principes, des outils et des méthodes d'investigation présente des intérêts certains que l'on retrouve dans les questions suivantes :

- la démarche suivie est-elle conforme aux objectifs et questions de recherche ? ;
- quelles sont les difficultés rencontrées et comment l'équipe de recherche a-t-elle pu les contourner (capacité d'adaptation) ?
- Quelle est l'originalité des initiatives prises par l'équipe au-delà du protocole de recherche (innovations introduites) ?
- Quelles leçons utiles peut-on tirer de la démarche adoptée en termes de contribution au débat récurrent sur l'efficacité des méthodes de recherche (valeur ajoutée) ?

---

[1] Université Gaston Berger de Saint-Louis.

La démarche globale d'investigation

Conformément au document de projet, les situations d'accès à l'eau à usage agricole pour les femmes dans les trois pays que sont la Mauritanie, le Niger et le Sénégal et plus particulièrement dans les sites choisis ont été analysées dans le contexte institutionnel de la décentralisation et dans une perspective sexospécifique. Cette ambition a été réalisée grâce à des principes bien pensés, à des techniques et outils propres à l'objet de l'enquête et à un échantillonnage adapté.

En s'appuyant sur des localités d'investigation situées dans trois pays du Sahel, le projet de recherche s'est doté d'une dimension transfrontalière. Son ambition a été d'étudier un phénomène supposé régional à partir de faits nationaux, voire locaux. L'une des questions scientifiques était alors celle de savoir si les résultats respectifs obtenus aux plans national et local seraient assez significatifs et constants pour accréditer des extrapolations sous régionales. Etudier un phénomène général (car transcendant les frontières nationales) dans un espace restreint (car local) corse la question que se pose tout chercheur : « *comment faire du général avec du particulier* » (Desage, 2006). Il faut ouvrir l'espace de l'investigation. Or, l'ouverture conduit à la découverte de la diversité, donc à la comparaison. La comparaison résiste aux généralisations hâtives et invite à tirer des conclusions sur la base de ressemblances ou de dissemblances constantes, durables et avérées car dûment établies. La comparaison a ceci de passionnant pour le chercheur qu'elle convoque, non sans rappeler une certaine logique dialectique, à la fois, la diversité et l'identité (Vigour, 2005). « *Comparer, c'est à la fois assimiler et différencier par rapport à un critère* » (Sartori 1994).

Dans le cadre de ce projet de recherche, l'approche comparative repose sur l'hypothèse selon laquelle le rôle économique des femmes, la perception du statut de la femme, les rapports de pouvoir dans l'accès aux ressources et la compétition pour l'accès aux ressources hydriques dans un contexte sahélien, quoique influencés par les clivages géographiques d'un site à l'autre, ont des effets certes différents, mais similaires, donc comparables. Mais la comparaison géographique a été enrichie d'éléments de comparaison diachronique (Vlassopoulou 2000) : comment la privation des droits des femmes d'accès à l'eau productive a-t-elle évoluée ? L'adoption de conventions internationales protectrices de ces droits a-t-elle fait évoluer les rapports de force sur le terrain ? Le droit a-t-il influencé la réalité ? Cette question a aussi retenu l'attention des chercheurs, même si certains auteurs avaient déjà apporté des éléments de réponse en estimant que : « *L'impressionnant arsenal législatif de régulation basé sur l'égalité entre les deux sexes n'a pas fait substantiellement avancer l'actuelle égalité de juré vers une égalité de facto pour les femmes* » (Dziobon, 1997).

Le critère principal de la comparaison est l'effectivité du droit d'accès à l'eau. Il est éclaté en sous critères : la pertinence (conformité du droit reconnu aux besoins spécifique des femmes) ; l'application (la réalité da jouissance du droit reconnu) l'impact (l'effet induit par le droit reconnu qu'il soit effectif ou pas).

Principes méthodologiques

Le projet de recherche devait apporter une contribution précieuse à la compréhension des relations de genre et donc de pouvoir dans l'accès à une ressource aussi importante que l'eau dans un contexte d'aridité. Intervenant sur une question peu documentée, il devait contribuer à combler un vide scientifique. C'est pourquoi il importait de l'encadrer par des principes de nature à maximiser ses chances de réussite.

L'approche genre comme porte d'entrée et fil conducteur : l'approche Genre est comprise ici comme l'analyse et la remise en cause des processus qui différencient et hiérarchisent les individus en fonction de leur sexe. En tant que concept, elle analyse les rapports de pouvoirs entre les femmes et les hommes basés sur l'assignation des rôles socialement construits en fonction du sexe. « *Cette répartition des rôles, des responsabilités, des activités et des ressources entre femmes et hommes est source d'inégalités et limite la liberté des femmes à jouir des droits humains »*[2]. Quand bien même les cadres juridiques qui instaurent l'égalité des femmes et des hommes sont en place en Mauritanie, au Niger et au Sénégal, les femmes ne bénéficient pas forcément des mêmes droits réels et continuent, dans ces trois pays, à subir des discriminations liées aux coutumes et aux traditions. Elles subissent des inégalités dans l'accès et le contrôle des ressources, en particulier la terre et l'eau qui permet de l'exploiter. L'étude du degré de prise en charge du genre dans l'exploitation des périmètres irrigués publics s'inscrit dans la problématique globale de l'effectivité du genre dans les trois pays. Elle n'est pas détachable de l'analyse des conceptions culturelles et cultuelles qui rétroagissent sur l'acceptation ou non du genre par ceux-là mêmes qui doivent le mettre en pratique. Quelles que pertinentes que soient les programmes et actions de promotion du genre, ils ne peuvent prospérer que si les acteurs convaincus et motivés s'engagent dans la mise en œuvre sincère des activités planifiées et si les bénéficiaires (les femmes en particulier), convaincus de leurs droits réclament leur effectivité. C'est pourquoi, au-delà des faits observés et des programmes mis en œuvre, l'approche genre s'est aussi orientée vers l'analyse des perceptions et des attitudes, aussi bien chez les débiteurs des droits d'accès à l'eau que chez les créanciers (femmes et hommes) de ces droits. Ainsi, l'étude s'est intéressée aux besoins, intérêts et contraintes spécifiques des femmes et des hommes dans l'accès, l'exploitation et le contrôle de l'eau à usage agricole, mais aussi aux efforts déployés par les pouvoirs publics nationaux et locaux pour en tenir compte. Ainsi, la démarche, notamment sur le plan quantitatif, a reposé essentiellement sur la production d'informations ventilées par sexe. La non-prise en compte des activités, spécificités ou propositions des femmes est en effet une

---

[2] Document d'orientation stratégique Genre et développement du ministère français des Affaires étrangères (2007)

4

discrimination structurelle. En produisant ces données complémentaires, et en valorisant les apports des femmes autant que ceux des hommes, l'approche genre enrichit les connaissances et permet une compréhension plus objective de la réalité. Cette compréhension est un pas important vers la recherche de solutions.

L'immersion : Pour conformer la démarche d'investigation au caractère concret de ce thème de l'accès des femmes à l'eau à usage agricole, une précaution fondamentale a consisté à s'arrimer au réel et à tendre une oreille attentive aux populations. Bien souvent, les résultats de la recherche sont biaisés par des préjugés lorsque le chercheur reste physiquement éloigné des réalités qu'il cherche à appréhender. Dans le cadre de cette étude, les chercheurs ont donc sciemment séjourné au cœur des réalités à étudier pour déjouer les stéréotypes et poser sur les faits à observer un regard le plus objectif possible. Cette démarche est en cohérence avec les exigences de la Recherche-Action-Participative (RAP), empruntée dans le cadre de cette recherche. L'utilisation de la RAP, méthodologie explicitement politique, a été particulièrement pertinente dans ce travail, car visant à briser les relations de domination existantes et à outiller les participants, souvent exclus, dans la perspective de l'exercice du contrôle sur les ressources et sur les institutions de gestion de ces ressources (Stiefel, M. and Wolfe, M.; 1994) [3]

La participation : l'option participative demeure un des piliers de la RAP. Les populations, des sites choisies, ont été associées au diagnostic de leur propre situation. En effet, d'une part, elles ont été impliquées dans la collecte des données et, d'autre part, elles ont, à travers les séances de restitution, parachevé leur contribution à la description et à la compréhension des phénomènes étudiés, ce qui a facilité l'appropriation collective des résultats de la recherche.

---

[3] Stiefel, M. and Wolfe, M. (1994), A Voice for the Excluded: Popular Participation in Development, Utopia or Necessity? Zed Books (London)

Cependant, certaines personnes enquêtées, sans doute « surenquêtées », se sont interrogées sur les bénéfices directs qu'elles pourraient tirer de l'exercice de recherche participative. Elles se sont inquiétées de mettre leur énergie dans le processus sans pouvoir dépasser le simple statut de source d'information. Ce type d'inquiétude n'est cependant que la partie visible d'un iceberg épistémologique qui a pour nom : la place des populations dans un processus de recherche. Dans le cadre de ce projet de recherche, il faut distinguer, au-delà du concept générique de « bénéficiaires », au moins quatre catégories : (i) les facilitateurs locaux impliqués dans l'équipe des enquêteurs qui ont eu l'opportunité de vivre un processus d'investigation sur le terrain, (ii) les enquêté(e)s qui soit à l'occasion des explications préliminaires de l'enquêtrice, soit dans le cadre des focus group ont pu saisir davantage les enjeux de la participation citoyenne des agricultrices, (iii) les membres des comités de plaidoyer qui après avoir bénéficié d'un renforcement de connaissances et de capacités en genre et plaidoyer se sont investis dans l'application des recommandations de la recherche par le plaidoyer et, enfin, (iv) les populations et les autorités nationales et locales, destinataires respectifs des messages de plaidoyer. Il faut alors admettre que certains enquêté(e)s (ceux et celles qui ne sont ni membres des comités de plaidoyer, ni convié(e)s aux séances de restitutions ou sessions de plaidoyer) ne verront pas les retombées directes du processus de recherche et c'est sans doute aux chercheurs d'un prochain projet qu'ils vont exprimer leur frustration.

Le chercheur est, en principe, déjà motivé par le besoin de savoir. Mais, son interlocuteur, qui lui fournit les informations recherchées, est-il autant motivé que lui ? Dans certaines localités, c'est tard le soir, après les travaux champêtres que les populations acceptent de répondre aux questions des enquêtrices. Lorsqu'elles ne voient pas clairement les bénéfices concrets d'un processus de recherche, fut-il participatif, les populations ont parfois le sentiment d'être instrumentalisées. *« L'instrumentalisation est une question cruciale, c'est l'une des dérives les plus courantes de l'appui. Ainsi,*

6

projets, ONG, bailleurs de fonds utilisent-ils parfois une organisation paysanne pour atteindre leurs propres objectifs ou tout simplement pour réaliser les activités prévues dans leurs programmes sans tenir compte de la vision, des priorités des membres et des orientations que ces organisations ont définies »[4] *«Même si l'on parle beaucoup de participation, de recherche participante, de participation communautaire, au bout du compte il s'agit toujours d'un intervenant extérieur qui tente de changer les choses.»* (Chambers, 1990). Des intervenants avaient pourtant, des années auparavant, fait leur mea culpa et tiré la sonnette d'alarme : *«La profession du développement souffre d'un complexe de supériorité bien ancré vis-à-vis des petits agriculteurs. Nous croyons que notre technologie moderne est bien supérieure à la leur. Nous orientons notre recherche et nos efforts d'assistance comme si nous savions tout et nos clients rien »* (Hatch ,1976).

Pour contourner ces biais au carrefour du complexe de supériorité du chercheur et de l'instrumentalisation des populations, les chercheurs ont, outre l'effort d'immersion, organisé des visites préalables pour bien expliquer aux populations et à leurs élus le sens et les objectifs du projet de recherche, tenu des séances de restitution populaire pour s'assurer de l'appropriation des résultats de la recherche et accompagné les populations dans la mise en place des comités de plaidoyer dans le cadre de la phase active du projet.

La prise en compte du contexte de la décentralisation : le Niger, la Mauritanie et le Sénégal sont engagés dans des processus de décentralisation avec comme corollaire, le transfert de la gestion de la plupart des ressources naturelles dont l'eau aux collectivités locales. Il s'est donc agi de voir dans quelle mesure cette décentralisation et la gestion de proximité qu'elle suscite favorisent ou non l'accès équitable des acteurs à la ressource eau.

Mais, il a été observé que l'opportunité de la décentralisation n'a pas été suffisamment exploitée pour corriger les inégalités dans l'espace local. Dans les trois pays, le droit de la décentralisation n'a

---

[4] Grain de Sel n° 76, « Comment appuyer les organisations paysannes sans les instrumentaliser ? » 2004..

pas vraiment réussi à supplanter les pouvoirs traditionnels en milieu rural. La loi a tenté d'y organiser l'espace local mais, des forces traditionnelles exercent encore la réalité du pouvoir. La gestion de cet espace répond bien souvent à des considérations ethniques dans la logique de la *parenté gouvernante* qui rend compte de « *l'évidence de la prééminence des autorités traditionnelles dans la maîtrise de l'espace administratif décentralisé* » (Njoya, 1994). Or, ces logiques traditionnelles, d'inspiration patriarcale ne sont toujours favorables à l'équité de genre dans l'accès aux ressources du terroir. Le législateur post colonial n'a pas assez tenu compte de ces réalités traditionnelles pour négocier un passage réussi de la tradition à la modernité par le biais de la décentralisation. Non contents d'avoir construit le système actuel sur les ruines du système colonial, les États africains, pour la plupart, continuent de s'inspirer du dispositif décentralisé actuellement en vigueur chez l'ancienne puissance coloniale, se contentant ainsi d'une « *décentralisation importée* » (Danda, 1997). Dans ces conditions, les chercheurs ne pouvaient se contenter de la décentralisation comme élément de l'environnement institutionnel qui définit les modes d'accès aux ressources et ont dû recourir à l'analyse des logiques coutumières qui, incontestablement, influencent les rapports de pouvoir autour de ces ressources.

L'approche active : la recherche — action doit déboucher sur des initiatives intelligibles pour le changement positif dans les politiques, les lois, les programmes ou les pratiques. Dans cette optique, la démarche entreprise a intégré la perspective d'une promotion de l'utilisation des résultats des investigations comme socle de la recherche de solutions concrètes aux problèmes identifiés. C'est ainsi que des outils et une stratégie de plaidoyer pour promouvoir l'adhésion des communautés et des autorités à l'effectivité des droits économiques des femmes, en particulier le droit à l'eau à usage agricole, ont été proposés, en intégrant les contraintes et aspirations identifiées à l'issue du processus d'investigation.

Une telle approche a paru inévitable compte tenu du thème de recherche qui implique la promotion de la citoyenneté. En effet, on veut produire des connaissances sur un problème, et simultanément, susciter des changements orientés vers la résolution du problème étudié.

Au cours des trois dernières décennies notamment, de nouvelles évolutions remettent en cause l'hypothèse selon laquelle la science et son pilotage doivent se décider dans un cercle réservé aux chercheurs et décideurs politiques. De là est parti un renforcement considérable de la capacité des acteurs de la société civile, non seulement à contester mais aussi à produire les savoirs et les innovations contribuant au bien-être de nos sociétés (Storup, 2013). L'option de recherche – action fait de l'acteur un chercheur et fait du chercheur un acteur qui oriente la recherche vers l'action et qui ramène l'action vers des considérations de recherche (Hernandez, 2003). Il s'agit, à la fois de produire des connaissances nouvelles et de résoudre un problème (Faure, 2010), de susciter le changement.

Mais introduire le changement en milieu rural n'est jamais une entreprise aisée (Bédoucha, 2000), surtout lorsqu'il s'agit de remettre en question la logique de la domination masculine qui est l'un des piliers séculaires de nombreuses sociétés traditionnelles. Dans ce sillage, la référence au passé incarné par les ancêtres contribue parfois à cet immobilisme. L'individu est apprécié lorsqu'il parvient à perpétuer la pensée et le système de valeur de ses ancêtres. Il est félicité parce qu'il est fidèle à ses racines et parce qu'il sait résister aux influences d'origines occidentales. Les chercheurs ont noté l'extrême rareté des initiatives communautaires tendant à renverser les tendances sexistes dans l'accès à l'eau à usage agricole. Les femmes victimes se sont montrées très peu promptes à s'organiser en mouvements citoyens forts pour bousculer les rapports de genre préétablis et réclamer des droits que les textes leur accordent. On n'a même pu constater des résistances culturelles aux programmes étatiques accordant des quotas aux femmes dans les périmètres irrigués.

Dans ces conditions, le plaidoyer se présente comme un outil adéquat. C'est en effet avec cet outil qu'on peut susciter une prise de conscience progressive générateur d'un changement social certes lent, mais stable parce que reposant sur le dialogue et le consensus.

Principales étapes de la recherche

Le genre, la comparaison et la participation sont donc les piliers méthodologiques du projet de recherche. Il s'agit maintenant, pour plus de lisibilité du processus d'investigation, d'en présenter la progression. Ce processus a été marqué par plusieurs étapes dûment programmées qui se sont enchaînées logiquement et qui restent dominés par les piliers ci-dessus rappelés.

La revue documentaire a consisté à rassembler et exploiter toutes les données disponibles sur la thématique et les sites de recherche. Elle a été à la fois générale (problématique des droits économiques des femmes), thématique (accès des femmes à l'eau à usage agricole) et ciblée (situation dans les sites de recherche). La revue documentaire approfondie a permis de confirmer le caractère peu abondant de la littérature sur la question précise de l'accès à l'eau à usage agricole dans les périmètres agricoles. En revanche, des développements appréciables ont pu être capitalisés sur la question globale de l'accès aux parcelles des aménagements hydro agricoles. Dans la plupart de ces développements, c'est plutôt la parcelle dans sa globalité qui est considérée, comme espace foncier inondé ou inondable, alors que la question hydrique est parfaitement détachable de la question foncière. En effet, après avoir accédé au casier, l'exploitant (e) doit consentir des efforts supplémentaires et même parfois entamer de nouvelles démarches pour l'irrigation effective de sa parcelle.

Mais si les femmes n'ont pas accès à la parcelle irriguée, elles n'ont pas accès à l'eau d'irrigation. C'est dire que la revue documentaire a provisoirement confirmé l'hypothèse principale

10

des discriminations à l'égard de femmes dans l'accès à l'eau productive. L'analyse de la littérature disponible a également confirmé la faible présence des femmes dans les instances décisionnelles locales qui limite leurs capacités de négociation pour l'accès aux ressources ainsi que l'écart entre la reconnaissance des droits économiques et leur très faible effectivité pour les femmes. Mais l'analyse théorique n'a pas permis d'élucider la question des fondements sociologiques des discriminations sexuelles dans l'accès à l'eau à usage agricole prise isolément comme ressource distincte de la terre, ni celle de l'impact de la décentralisation sur les rapports de genre dans l'accès aux ressources du terroir.

Ainsi, loin d'être une étape standard du processus d'investigation, la revue documentaire a, d'une part, permis de capter des informations stratégiques qui ont contribué à affiner les postulats et, d'autre part, d'identifier, avec précision, les déficits d'informations qui attendent d'être comblés par des données fraîches et concrètes issues du terrain, d'où l'importance des enquêtes menées sur les différents sites.

L'atelier méthodologique a réuni les membres de l'équipe du Projet, des experts et chercheurs appartenant à différentes institutions du Sénégal, du Niger et de la Mauritanie, des universitaires, des experts et membres d'organisations de la Société Civile férus de recherche et/ou de plaidoyers ainsi que les bénéficiaires potentiels de la recherche. L'ambition était de bâtir un consensus sur le cadre logique et le guide méthodologique, mettre à niveau les chercheurs sur le genre et la méthodologie de recherche – action participative, fixer les modalités d'échanges et de concertation virtuelle compte tenu de la dimension transnationale du projet, désigner les acteurs les plus pertinents pour la recherche, stabiliser les critères de choix des sites, préparer les outils d'investigation et d'analyse, fixer les délais pour chaque étape du processus d'investigation, déterminer les relations entre les équipes nationales et la coordination régionale. L'équipe ambitionnait également d'intégrer les pouvoirs publics et centres de décision dans le processus de recherche dans une perspective d'une utilisation des résultats qui en émergeront.

L'échantillonnage, étape cruciale, a consisté à identifier des sites pertinents d'enquête, à déterminer le profil des personnes et institutions à rencontrer en rapport avec le type d'information recherché et à quantifier la masse prévisionnelle des enquêtés. En rapport avec l'approche comparative, un nombre identique de répondants a été fixé pour chacun des trois pays, mais avec des clivages dans le nombre de personnes par site pour tenir compte des spécificités.

Les critères de choix des sites recommandés par l'Atelier méthodologique étaient liés à la pratique de l'agriculture irriguée, au caractère public de l'aménagement, à la diversité ethnique des acteurs de l'exploitation agricole, et à la ruralité du site.

Suivant ces critères et après prospection, les sites suivants ont été retenus :

-       En Mauritanie, trois (3) sites : le périmètre rizicole et maraîcher de Garack, le périmètre rizicole de Toulele Diéri dans la zone de Rosso et le périmètre maraîcher de l'Union des femmes de Machra Sidi dans la zone de Koundi/Tékane. Le contexte climatique de la Mauritanie favorise une forte compétition pour le contrôle des zones inondables ; il était donc intéressant de voir le sort des femmes dans cette bataille pour l'accès à la rare eau disponible. L'équipe de recherche avait retenu, par hypothèse, que le conservatisme rural et la prédominance des traditions peu favorables à l'émergence économique des femmes pouvaient avoir des répercussions négatives sur l'accès des femmes à l'eau productive, hypothèse que la recherche a confirmé.
-       Au Niger, deux (2) sites : les Aménagements hydro-agricoles de Sébéry et de Toula situés dans la vallée du fleuve Niger dans la région de Tillabéri. Ici, outre les critères communs aux trois pays, le choix a été porté sur des périmètres anciens, créés les « années 70 ». Cette option a l'avantage, dans une

12

approche diachronique, de mieux lire l'évolution des droits d'accès des femmes à l'eau à usage agricole et d'en identifier les éléments les plus constants.

- Au Sénégal, trois (3) sites : l'aménagement public mixte de la SAED à Boundoum, le périmètre public affecté aux femmes à Souloul tous deux dans la vallée du fleuve Sénégal, et les fermes du Plan REVA (Retour Vers l'Agriculture) à Kirène/Djilakh à l'ouest du Sénégal. Cet effort de diversification des sites répond au souci de saisir les tendances nationales transcendant les clivages géographiques et culturels dans l'accès des femmes à ce capital économique qu'est l'eau productive.

Photo 1 : Enquêteurs-trices, à l'œuvre au Niger et au Sénégal

Tenant compte de critères communs aux trois pays pour rendre possible la comparaison, les unités enquêtées ont été sélectionnées à partir de la base de sondage, en l'occurrence, la liste contenant toutes les unités de la population mère.

La taille totale des échantillons et la répartition des enquêteurs par pays sont indiquées dans le tableau 1.

Tableau 1 : Répartition du nombre de sites, de la taille de l'échantillon, du nombre d'enquêteurs et de superviseurs selon le pays

Pays	Nombre De Sites	Taille Echantillon	Nombre Enquêteurs	Nombre Superviseurs
Mauritanie	3	750	5	1
Niger	2	750	5	1
Sénégal	3	750	5	1
Total	8	2 250	15	3

En prenant en compte le nombre l'exploitant (e) de chaque site et, l'équipe a abouti à la répartition de l'échantillon dans chaque site selon le sexe des enquêtés par strate qui figure dans le tableau 2.

Tableau 2 : répartition de l'échantillon dans chaque site selon le sexe des enquêtés par strate

PAYS	SITES	STRATE1 Nb Exploitants individuels	STRATE1 Nb Exploitantes individuelles	STRATE2 Nb Exploitants collectifs (groupements /coopératives mixtes)	STRATE2 Nb Exploitantes collectives (Groupements /coopératives de femmes)	STRATE3 Nb acteurs institutionnels	TOTAL
Mauritanie	Garack	55	55	55	55	30	250
	Toulèle Diéry	83*	83*	34	20	30	250
	Machra Sidi	57*	57	53*	53*	30	250
	Sous-total	195	195	142	128	90	750
Niger	Sébéry	237	108			30	375
	Toula	330	15			30	375
	Sous-total	567	123	0	0	60	750

14

	Boundoum	250	250			30	530
	Souloul		110			30	140
Sénégal	Kirène / Djilakh			43	7	30	80
	Sous-total	250	360	43	7	90	750
Total		1012	678	185	135	240	2250

L'échantillon a été défini de manière à produire des données désagrégées en vue de l'analyse des rapports de genre dans les périmètres étudiés.

La préparation de l'enquête de terrain a consisté à recruter et former les enquêteurs et le superviseur et à élaborer un guide pour l'enquête. La formation a permis de mettre à niveau le personnel de collecte sur les thématiques clés du projet comme le genre et la décentralisation ainsi que sur la méthodologie de la RAP. L'occasion a été saisie pour tester et corriger les outils de collecte d'information. Au-delà des aspects pédagogiques, la formation, moment fort de concertation et d'harmonisation entre les chercheurs, le statisticien, le superviseur et les enquêtrices, a permis de stabiliser le protocole d'enquête en mettant l'accent sur divers aspects : champ de l'enquête (sites de recherche dans chaque pays), cibles, méthode de collecte, échantillon tiré, durée et calendrier de déroulement de la collecte, rôle et les obligations de chacun enquêtrice, canevas de rapport d'enquête.

Les opérations de collecte, de dépouillement et d'analyse ont été menées, sous la supervision de la coordonnatrice de recherche, par une équipe composée de :

- un (1) expert en méthodologie de recherche ;
- un (1) Ingénieur statisticien au niveau régional ;
- trois (3) chercheurs nationaux et trois Assistants de recherche ;
- quinze (15) enquêteurs (5 par pays) recrutés par les équipes-pays ;

- trois (3) superviseurs, soit un (1) dans chaque pays ;
- trois (3) agents de saisie (1 dans chacun des trois pays)
- et un (1) agent de codification au niveau régional.

Ce dispositif organisationnel répondait à un double souci de complémentarité et de cohérence des différentes activités du processus d'une part, et de rationalité dans le traitement des données produites, d'autre part. En effet, à la base (niveau local), les enquêtrices et le superviseur produisent des données et les classent suivant les questions de recherche ; à un niveau intermédiaire (niveau national), les chercheurs et assistants de recherche analysent ces données, les enrichissent des résultats de la partie qualitative de la recherche et produisent des rapports nationaux ; au « sommet » (niveau régional), la coordonnatrice du projet planifie et organise les opérations de recherche et produit les rapports généraux, assistée d'un expert en méthodologie de recherche qui anime le processus d'investigation et s'assure de sa conformité aux standards de qualité et de rigueur et d'un statisticien qui gère la production et le traitement des données quantitatives.

Les résultats obtenus ont été appréciés suivant un protocole d'analyse préalablement adopté. L'analyse a été thématique, s'employant à élucider, au-delà du thème global de l'accès des femmes à l'eau à usage agricole, les questions et sous questions connexes (prise en compte ou non du genre dans la réglementation, répartition sexuelle des parcelles, proximité vis-à-vis de la source de pompage selon le sexe, modes d'exploitation selon le sexe, etc.). L'analyse a également été pluridisciplinaire. En effet, l'approche juridique a permis l'identification de contraintes légales réelles empêchant les femmes d'accéder à l'eau à usage agricole, mais elle n'a pas occulté la dimension socio-anthropologique et économique de la question. Au-delà du croisement des tableaux issus des enquêtes quantitatives, des grilles d'analyse genre ont été utilisées pour l'analyse qualitative.

16

Encadré 1; Grille synthétique d'analyse genre

Critères	Sexe		Discriminations et disparités (y compris les facteurs explicatifs)	Solutions envisageables pour rétablir l'équilibre de genre
	Hommes	Femmes		
Accès à la terre	-	-	-	-
Accès à l'eau à usage agricole	-	-	-	-
Coût supporté pour l'exploitation de la parcelle	-	-	-	-
Contrôle de la parcelle irriguée	-	-	-	-
Bénéfices tirés de l'exploitation de la parcelle	-	-	-	-
Connaissance des textes sur l'accès à l'eau	-	-	-	-

17

L'analyse s'est opérée selon plusieurs critères. Il s'agit de critères transversaux liés à l'essence de l'étude qui, faut-il le rappeler, est à la fois une étude sur le genre et une étude comparative.

- Le genre : sur toutes les questions d'accès, de contrôle et d'exploitation des ressources hydriques à usage agricole, l'équipe a étudié les situations réelles vécues par les femmes en comparaison à celles des hommes et identifié les facteurs explicatifs des clivages et discriminations identifiées. L'approche est donc sexospécifique mettant l'accent sur la construction sociale de genre, mais également les relations entre les sexes.

- Le pays : les résultats des investigations ont été comparés selon les pays (Niger, Sénégal, Mauritanie) pour dégager les éléments de divergence et les éléments de convergence devant servir de fondement à la construction d'un plaidoyer sous-régional pour l'accès équitable à l'eau à usage agricole.

Ainsi, les différentes étapes et méthodes consignées dans le document de projet de recherche et affinées dans le rapport de l'atelier méthodologique ont été correctement suivies par l'équipe de recherche. Mais, loin d'un conformisme statique, l'équipe a fait preuve de créativité pour renforcer la qualité des résultats de l'investigation.

L'effort d'innovation

Il s'est manifesté à la fois dans la réalisation d'un diagnostic contextuel et la diversification des outils de collecte d'information.

La réalisation d'un diagnostic contextuel

Compte tenu de la rareté des productions scientifiques sur la question spécifique de l'accès des femmes à l'eau à usage agricole, les chercheurs se sont retrouvés sur un terrain plus ou moins vierge. Ce déficit de données secondaires a été confirmé par la première visite des sites. Il urgeait alors, avant d'entamer les enquêtes de terrain, de rassembler un minimum de connaissances sur la problématique et les sites de la recherche. Les résultats de cette opération préliminaire devaient permettre de partir de postulats plus solides et d'affiner la stratégie de recherche compte tenu des premières tendances observées. Ainsi naquit l'idée d'un diagnostic contextuel conçu comme une enquête exploratoire préalable destinée à préparer, éclairer et faciliter l'enquête de terrain.

La démarche entonnoir (Jeannin, 2003) a donc été adoptée. Elle consiste à aller du général au particulier en affinant graduellement le problème de recherche. Une étude de cette envergure doit évoluer méthodiquement vers une meilleure connaissance de l'objet de la recherche pour dissiper progressivement les errements et incertitudes. Elle débute par un projet de recherche énoncé « *sous la forme d'une question de départ par laquelle le chercheur tente d'exprimer le plus exactement possible ce qu'il cherche à savoir, à élucider, à mieux comprendre.* » (Quivy, 2006). Il s'agit ensuite de saisir le contexte général de la question avant d'aborder les questions plus fines (Figuier, 2009).

Le chercheur doit prendre des décisions, le cas échéant, pour produire le maximum de connaissances sur la réalité, pourvu que celles-ci ne bouleversent pas l'architecture générale du projet ficelé. Dans certains cas, cet esprit d'initiative au service de la maîtrise de la réalité est une condition de réussite de son projet car, « *le réel n'a jamais l'initiative puisqu'il ne peut répondre que si on l'interroge.* » (Bourdieu, 2003). Il appartient donc au chercheur de bâtir les stratégies idoines pour étancher sa soif d'informations : « *L'intérêt des réponses dépend largement de l'intérêt des questions* » (Aaron, 1987).

Le diagnostic contextuel s'est réalisé au moyen d'une revue documentaire plus fine, d'entretiens institutionnels[5] généraux et thématiques et de monographies des sites ciblés. Très utile à la suite des opérations, il a permis de :

- confirmer la pertinence des sites choisis tout en précisant leurs caractéristiques physiques et humaines ;
- de nouer, par le canal des entretiens institutionnels, des partenariats avec les personnes et institutions susceptibles de participer aux opérations d'investigation et de plaidoyer ;
- d'obtenir des informations de base liées à la situation générale des droits économiques des femmes dans les différents pays, aux politiques publiques de l'eau, à la réglementation de la gestion l'eau en milieu rural, à la place et au rôle des femmes en matière agricole dans le contexte de décentralisation, aux droits d'accès et au rôle des femmes en général dans les périmètres irrigués.

L'un des bénéfices de la réalisation de ce diagnostic contextuel conçu comme une étude exploratoire préliminaire réside dans le fait qu'en produisant une masse critique d'informations préalables, elle a sensiblement allégé le travail du personnel préposé aux enquêtes de terrain. En effet, les chercheurs, les enquêtrices et le superviseur ont opéré en « terrain connu » avec des outils déjà acquis comme la monographie des sites, la liste ventilée par sexe des personnes intervenant dans les périmètres agricoles, les textes régissant l'accès à l'eau à usage agricole, une synthèse des éléments de contexte politique et social. Le volume d'informations fournies aux enquêtrices à partir des résultats du diagnostic contextuel a permis de les faire passer du stade statique de robot collectant et relayant les informations telles que reçues à celui plus dynamique

---

[5] Ont été rencontrés, notamment, les services de l'État, les ONG impliquées, les sociétés d'aménagement, les organisations paysannes, les instituts de recherche, les femmes leaders, les exploitant (e) s de parcelles.

« d'apprenti chercheur » capable de réécrire (sans les déformer) les informations glanées compte tenu de la bonne connaissance du contexte et des objectifs de la recherche.

Un autre enseignement tiré des résultats du diagnostic contextuel est la nécessité d'une préparation précoce du plaidoyer : les résultats de la recherche – action étant destinés à bâtir une stratégie de plaidoyer avec les femmes leaders concernées, il a été recommandé, pour maximiser les chances de réussite de ce plaidoyer, d'identifier des femmes leaders sur le terrain et de les impliquer dans le processus d'investigation afin qu'elles aient une parfaite maîtrise des questions à défendre. Cette stratégie a été fort payante puisque les femmes leaders ont, compte tenu de la familiarité avec la question du genre dans l'accès à l'eau à usage agricole acquise grâce à leur implication précoce dans le diagnostic, été démocratiquement désignées par les populations pour diriger les comités de plaidoyer créés aux termes de la recherche.

La diversification des sources d'information et des outils de collecte

Tout en assurant un dispositif de collecte de nature à fournir des réponses potentiellement satisfaisantes aux principales questions de recherche, l'équipe s'est évertuée, au moment de l'échantillonnage et de la conception des outils, à élargir l'horizon de l'enquête pour rassembler une masse critique de données, à charge pour les chercheurs de sélectionner celles qui seraient les plus utiles à leurs pistes d'analyse.

- Ainsi, les unités statistiques d'enquête sont constituées par :
- les exploitants-es individuels-les ;
- les exploitants-es collectifs-ves ;
- les acteurs institutionnels constitués par les autorités administratives[2] et locales, les organismes de gestion des zones d'aménagement et/ou d'encadrement des exploitants (Services de l'agriculture ayant en charge

les aménagements susceptibles de renseigner sur les sites concernés par la question de l'eau à usage agricole), les organisations communautaires de base (Organisations paysannes) ainsi que les ONG et réseaux de défense de droits humains, en particulier celles de défense des droits des femmes.

- Dans la strate1 où les unités statistiques d'enquête sont constituées par les exploitants-es individuels-les, la méthode de collecte retenue est l'administration d'un questionnaire individuel à chaque personne figurant dans l'échantillon tiré ;
- Dans la strate2 où les unités statistiques d'enquête sont constituées par les exploitants-es collectifs-ves, la méthode de collecte retenue est l'administration d'un seul questionnaire collectif aux trois à cinq principaux responsables du groupement ou de la coopérative regroupés en un même lieu ;
- Dans la strate3 où les unités statistiques d'enquête sont constituées par les autorités administratives et locales, la méthode de collecte retenue est l'administration d'un questionnaire institutionnel à l'un ou les principaux responsables.

À cela s'ajoute un guide focus administré à des groupes de 8 à 10 personnes dans les différentes localités.

Enfin, les outils du diagnostic participatif (observation participante, récits de vie, carte du terroir, carte des ressources, etc.) ont été utilisés pour produire des « données locales » à comparer avec les données officielles issues de la revue documentaire.

Au-delà du rapport de recherche, la masse d'information ainsi créée constitue une source où les acteurs du plaidoyer peuvent puiser des éléments pertinents pour étayer leurs différentes revendications.

La gestion des difficultés

Quelques difficultés ont été rencontrées au cours du processus de recherche, mais l'équipe a su les maîtriser dans l'ensemble.

Il s'agit essentiellement des défis de la recherche collaborative. Pour un tel projet, l'option de recherche comparative internationale était quasi inévitable. Il était difficile de limiter dans un seul pays l'étude d'un phénomène qui, de par sa nature, n'a pas de frontière (Livingstone, 2002).

Mais cette option n'a pas été sans difficultés.

D'abord, la recherche collaborative internationale implique nécessairement un effort de coordination parfois couteux. Mais, alors que le caractère comparatif de la recherche commandait des échanges fréquents d'informations entre les trois équipes nationales, le budget de la recherche n'était pas extensible ni modifiable à souhait pour permettre d'augmenter le nombre de rencontres sous régionales. L'une des solutions à cette contrainte a été de multiplier les tournées individuelles des membres de l'équipe sous régionale résidant à Dakar (Coordonnatrice, statisticien, expert en méthodologie de recherche, staff du RADI) en Mauritanie et au Niger, soit pour des formations au contenu standardisé (quoiqu'adaptable), soit pour des partages d'informations issues de la recherche en vue de la comparaison. Les résultats de ces tournées sont ensuite envoyés via l'internet à tous les membres des équipes nationales de recherche et du comité scientifique sous régional pour faire l'objet de réactions abondantes et constructives. Le site internet créé pour le projet de recherche a également été un espace d'échange utile à la comparaison.

Les Technologies de l'Information et de la Communication (TIC) ont donc été convoquées comme palliatif à l'éloignement physique des équipes nationales de recherche soumises à un impératif d'échanges permanents entre elles. Il existe une importante littérature sur l'importance des TIC dans la communication de personnes ou d'organisations séparées par les frontières (Diop, 2003 ; Guignard, 2004 ; Cheneau-Loquay, 2004 : Mbarika et al., 2005) et dans le développement des pays pauvres (Thioune, 2003). Des sociologues et anthropologues (Beaudouin et Velkovska, 1999 ; Horst et Miller, 2006) ont tenté de réhabiliter l'utilité de la téléphonie mobile et des e-mails en sciences sociales. Leurs nombreux travaux montrent le développement d'un champ de recherche innovateur où le cellulaire et l'e-mail apparaissent comme des instruments d'investigation à part entière. Dans le cadre du projet, il faut reconnaître que la faible performance des infrastructures de télécommunication (sauf pour le cas du Sénégal), n'ont pas permis d'utiliser dans toute leur plénitude les opportunités offertes par les TIC (conférences skype, visioconférence, etc.).

Ensuite, les premiers résultats des investigations ont semblé montrer que les discriminations dans l'accès à l'eau à usage agricole n'étaient pas aussi massives qu'on pouvait le penser. En effet, les pratiques sexistes étaient plus apparentes dans l'accès des femmes à la terre dans les casiers et dans l'accès des femmes à l'eau hors casier (coût de pompage élevé dû à éloignement des exploitations agricoles des femmes des sources d'eau). Sans ébranler les postulats de départ, ces prémisses ont suscité un certain nombre de questions sur la pertinence des sites choisis, surtout au Sénégal. Mais en triangulant les informations reçues et en approfondissant les résultats qualitatifs des focus groups, les chercheurs ont pu détecter des discriminations plus insidieuses qu'apparentes ainsi que des disparités de genre dans l'accès à l'eau à usage agricole dans les sites d'aménagement public.

Malgré les difficultés qu'elle comporte (Oyen, 1990), la recherche comparative internationale, lorsqu'elle est bien menée, procure de nombreux avantages. Dans le cadre du présent projet de recherche, elle a permis aux chercheurs et bénéficiaires d'améliorer la compréhension de leur propre pays en le comparant avec d'autres pays, de mieux connaître d'autres pays, de tester un postulat à travers des milieux variés et, surtout, de jeter les bases d'une solidarité transfrontalière des femmes pour l'application des recommandations de la recherche.

Enseignements et Leçons apprises dans la mise en œuvre de l'approche méthodologique

De la démarche d'investigation mise en œuvre, il est possible de tirer des leçons à réinvestir, éventuellement, dans des initiatives scientifiques similaires.

- *Il existe un lien dynamique entre l'approche genre et la recherche – action* : l'approche genre reconnaît que les rôles des hommes et des femmes sont différents mais influencés par des facteurs historiques, religieux, culturels, économiques et admet que ces rôles peuvent changer dans le temps. L'approche genre et développement détecte les inégalités entre les différentes catégories sociales en particulier entre les hommes et les femmes et prend des mesures pour les corriger en vue du développement équitable et durable. A partir du moment où les inégalités sont excipées pour être corrigées, cette approche rejoint la recherche – action qui, elle aussi, tente d'organiser la mise en œuvre des solutions aux problèmes identifiés par la recherche. L'approche genre, conforte la recherche – action. En effet, dès lors que les disparités de genre sont socialement construites sur la base de la perception que les diverses communautés ont des différences physiques et des présupposés de capacités des hommes et des femmes, elles ne sont pas immuables et peuvent être changées par l'action. C'est cette logique qui permet de répartir les activités du projet en deux grandes masses : la compréhension des discriminations et disparités de genre dans l'accès des femmes à l'eau à usage agricole et la construction d'une stratégie collective pour les corriger par le plaidoyer, donc par l'action.

- *Le caractère pluridisciplinaire de l'équipe et de l'approche est enrichissant* : les chercheurs (au sens large incluant les membres du comité scientifique), juristes, sociologues, géographes, statisticiens, etc. n'ayant pas les mêmes outils, ni les mêmes « angles d'attaque » des débats méthodologiques contradictoires ont jalonné le processus d'investigation et permis à chacun de s'enrichir de l'expérience des autres. Toutefois, il aurait été plus utile d'évacuer ces questions en amont, lors de l'atelier méthodologique, en négociant pour chaque discipline convoquée, une « place » proportionnelle à son apport attendu dans la recherche. Ainsi, il s'avère judicieux pour un projet de recherche d'une telle envergure de déterminer la matière principale à utiliser et les manières connexes convoquées pour diversifier et étayer l'analyse. Dans cette optique, on peut considérer pour ce projet de recherche, par exemple, que les investigations sont menées sous l'angle du droit (effectivité des droits économiques, égalité des citoyens) avec comme autres spécialités, la sociologie (rôles dévolus aux différents acteurs, influence de l'environnement culturel), l'anthropologie (rapports de pouvoir dans les parcelles, perception de ces rapports), l'économie (bénéfices tirés des parcelles selon le mode d'exploitation et le sexe de l'exploitant), l'histoire (évolution du rôle des femmes dans l'agriculture irriguée), etc.

Le projet a confirmé l'utilité de la recherche participative : La recherche a débouché sur la mise en place de comités locaux de plaidoyer engagés à renverser les tendances sexistes sur la base des résultats de la recherche ; un tel résultat n'aurait pas été possible sans l'implication des populations à travers leur intégration dans l'équipe d'enquête comme facilitateurs-trices et les séances de restitution/correction des résultats des interviews. L'implication des populations au diagnostic de leur propre situation est donc le premier pas vers la RAP. Parfois, les populations sont simplement instrumentalisées pour simuler un processus participatif ; dans cette optique, les outils de la MARP même si elles permettent de collecter des informations issues du terroir profond, sont plutôt brandis comme le signe d'une approche participative de recherche. Mais après la recherche, les populations jadis courtisées sont « oubliées ». Le grand risque est que « *le caractère participatif du diagnostic serve de caution pour des projets qui se déroulent ensuite de façon descendante : les actions ayant été définies avec les ruraux, on peut les mettre en œuvre sans plus de participation* » (Lavigne-Delville, 2001). Dans le cadre du présent projet, une collaboration franche a été nouée avec les organisations paysannes et femmes leaders depuis la visite préliminaire des sites et elle s'est poursuivie jusqu'à l'installation des comités de plaidoyer entièrement maîtrisés par ces populations. Les approches de recherche participative sont un moyen d'impliquer les citoyens dans la recherche scientifique par l'association de l'expertise citoyenne et de l'expertise scientifique. Elles favorisent également un espace de dialogue et d'action entre citoyens et chercheurs. Elles réduisent l'écart entre l'opinion et le droit constituant la principale cause d'ineffectivité (Lascoume, 1986). L'approche participative s'est donc révélée globalement concluante dans ce projet même si elle a été parfois ébranlée par la faible disponibilité des populations impliquées lorsqu'elles sont happées par les exigences des travaux champêtres et les difficultés qu'elles éprouvent pour comprendre le contenu parfois ésotérique des textes fixant les modalités d'accès aux ressources naturelles. La difficulté dans une recherche action participative est d'arbitrer entre la production de connaissances scientifiques satisfaisant les critères de validité de la science ou le développement d'un processus d'apprentissage qui va favoriser les acteurs du terrain (Coutelle, 2005). L'équipe s'est évertuée à répondre, à la fois aux deux exigences : produire des données de qualités et former des acteurs de qualité pour les utiliser.

-     *Bien choisir le moment pour déclencher les aspects quantitatifs d'une recherche également qualitative* : Le statisticien doit-il intégrer l'équipe de recherche ou rester confiné aux opérations statistiques ? Quelle place faut-il lui accorder dans l'élaboration des questionnaires vis-à-vis des chercheurs ? A-t-il un rôle à jouer dans les aspects qualitatifs de la recherche ? La réponse à ces questions dépend certes de la nature et des objectifs de la recherche concernée, mais il apparaît de plus en plus que pour préserver l'esprit d'équipe et prévenir le cloisonnement des résultats quantitatifs et qualitatifs une collaboration anticipée entre

27

chercheurs et statisticiens s'impose. Cette leçon a été finalement bien comprise dans le cadre du présent projet dans la mesure où, suite à certaines critiques constructives de part et d'autre, le statisticien, au contact des chercheurs, s'est bien imprégné des problématiques de la recherche pour bien articuler son dispositif quantitatif de collecte tandis que les chercheurs, sous le conseil du statisticien, ont pu formuler les questions dans une forme qui les rend facilement exploitables dans la phase de dépouillement. Le débat récurrent sur le choix à opérer entre méthodes qualitatives et les méthodes quantitatives (Blanchet, 1992 ; Lehoux, 2009) ne sera sans doute jamais évacué compte tenu de leurs forces et faiblesses respectives. C'est pourquoi, de plus en plus auteurs, loin d'opposer ces deux méthodes, insistent sur leur complémentarité (Marpsat, 1999). La démonstration même subjective a aussi besoin de preuves de nature quantitative (Yin 1989). Miles et Huberman (1991) présentent les données qualitatives comme des mots et non pas comme des chiffres. Mais dans le cadre de ce projet de recherches, les chercheurs ont éprouvé de besoin d'obtenir et des mots (perception des inégalités) et des chiffres (ampleur des inégalités). Alors que l'étude était partie pour être essentiellement qualitative, l'essentiel des informations est consigné dans les tableaux statistiques dont le croisement ouvre de précieuses pistes d'analyse. C'est dire que la dichotomie recherche qualitative / recherche quantitative est purement pédagogique et s'estompe au fur et à mesure qu'on avance sur le terrain pratique des investigations. La combinaison des deux méthodes complémentaires a permis d'avoir une compréhension plus holistique des privations des droits d'accès des femmes aux ressources et de procéder à la triangulation des informations en partant du principe que le croisement des méthodes aide à éviter les erreurs se rapportant à une méthode particulière.

Bibliographie

Aaron. R., « Les étapes de la pensée sociologique », Coll. Tel n°8, Gallimard, Paris, 1987

Alissoutin, R.L., 2012, *La gestion de l'eau en milieu aride : l'eau et le droit au Sahel*, Editions Universitaires Européennes, Sarrebruk (Allemagne).

Bédoucha, G., 2000, *L'irréductible rural*, Études rurales, Paris..

Blanchet, A. Otman, A., 1992, ANCHET, « L'enquête et ses méthodes »: L'entretien, Nathan Université.

Bourdieu, P., Passeron, J-C., 1983, *Le métier de sociologue*, Mouton Editeur, Paris, p. 54

Coutelle, P., 2005, « Introduction aux méthodes qualitatives en Sciences de Gestion », Université de Tours.

Desage, Fabien, 2006, « *Comparer pour quoi faire, le point de vue d'un monographe* », Working Paper 06-01, Université de Montréal.

Chambers, Robert, 1990, *Développement rural, la pauvreté cachée*, Karthala, Paris.

Danda, M., 1997, Une décentralisation importée ? Genèse des réformes décentralisatrices au Niger, Mémoire de DEA, IEP/Université Bordeaux IV : 70.

Dufumier, M., 2004, *Agriculture et paysannerie des tiers mondes*, Paris, Karthala, 600 p.

Dziobon, Sheila, 1997, « *Genre, inégalité et limites du droit* », Droit et Société 36/37, 1997, p : 227-293.

Faure G., Gasselin P., Triomphe B., Temple L., Hocdé H., 2010, « Innover avec les acteurs du monde rural : la recherche - action en partenariat », éd. Quae, Paris.

Fugier, P., 2009, « La mise en œuvre d'un protocole de recherche exploratoire en sociologie. Question de départ et quelques ficelles du métier », dans *revue ¿ Interrogations ?*, N°8. Formes, figures et représentations des faits de déviance féminins.

Hatch, J. K., 1976, The Corn Farmers of Motupe : a study of Traditional Farming Practices in Northern Coastal Peru, Land Tenure Center, University of Wisconsin-Madison : 6-7.

Hernandez V., 2002, « Chercheur – décideur », Journal des anthropologues, n° 88 -89.

Huberman A.M. et B. Miles (1991), Analyse des données qualitatives : recueil de nouvelles méthodes, De Boeck Université, Bruxelles

Jeanin, J.P, 2003, *Gérer les risques de l'alcool au travail,* Chronoques sociales, Paris.

Kamto, M., 1987, *Pouvoir et droit en Afrique Noir, Paris, LGDJ, 545 p.*

Lehoux, C., 2009, « la méthode quantitative, la méthode qualitative », in Science de l'Education et Intervention sociale, Bulletin du 10 mai 2010, Paris.

Livingstone, S., 2003, « Les enjeux de la recherche comparative internationale sur les médias », Questions de communication [En ligne], 3 | 2003, mis en ligne le 01 juillet 2003, consulté le 22 décembre 2013. URL : http://questionsdecommunication.revues.org/7438

Marpsat, M., 1999, « Les apports réciproques des méthodes quantitatives et qualitatives: le cas particulier des enquêtes sur les personnes sans domicile », Dossiers et recherches, n°79, INED, août.

Njoya, Jean, 1994, *Le pouvoir traditionnel en pays Bamou : essai sur la parenté gouvernante,* Thèse, Université de Yaoundé II : 200.

Oyen E., 1990, « The imperfection of comparisons », pp. 1-18, in : E. Øyen, ed., Comparative methodology : Theory and Practice in international social Research, London, Sage.

Sartori, G., 1994, *Bien comparer, mal comparer,* Revue internationale de politique comparée, vol. 1, n° 1, p 19-36.

Storup, B, 2013, « La recherche participative comme mode de production de savoirs », Paris, Fondation Sciences et Vie.

Thioune, R. M., 2003, « Technologies de l'information et de la communication pour le développement de l'Afrique », V: 1, Potentialités et défis pour le développement communautaire, CODESRIA/CRDI, 160 p.

Quivy, L. Campenhoudt V., 2006, *Manuel de recherche en sciences sociales*, Paris, Dunod, p. 26

Vigour, C., 2005, *La comparaison dans les sciences sociales*, Paris, La découverte, p. 7.

Vlassopoulou, A, 2000 Politiques publiques comparées. Pour une approche définitionnelle et diachronique , in CURAPP, Les méthodes au concret, Paris, PUF, p.187

Yin, 1990, Case Study Research, Design and Methods, Newbury Park, Sage.

Le Paradoxe Mauritanien :
Des Textes Neutres, Mais Des Pratiques Discriminatoires

Par Amadou Sall[6] et Coumba Diop[7]

Introduction

Des pays composant la région du SAHEL, la Mauritanie est vraisemblablement celle qui a le plus souffert et continue d'être tributaire des conséquences de la sécheresse sans précédent qui a longtemps sévi dans cette vaste zone aride depuis le début du dernier cinquantenaire. Ce phénomène, dont l'une des manifestations les plus évidentes et désastreuses a été l'absence de précipitations, a non seulement décimé une bonne partie du cheptel existant, mais a surtout rendu impossible toute pratique d'agriculture pluviale ; il s'en est suivi une dégradation alarmante de la situation nutritionnelle et alimentaire dans plusieurs zones de ce vaste pays.

Dans le but de juguler ce fléau et contribuer à une meilleure couverture des besoins alimentaires, l'État mauritanien a mis l'accent sur une politique volontariste de l'agriculture irriguée initiée depuis 1970. Hélas, malgré les efforts conjugués du gouvernement et des bailleurs de fonds, la politique mise en place et toutes les réformes qui l'ont soutenue n'ont connu qu'un succès limité, l'aménagement des surfaces arables n'ayant pu être réalisé à l'échelle du territoire national. En effet, sur les treize (13) régions que compte la Mauritanie, seules quatre (4) d'entre elles, le Gorgol, le Guidimakha, le Brakna et le Trarza, toutes situées au sud, le

---

[6] Université de Nouakchott

[7] Université Gaston Berger de Saint-Louis

long du fleuve Sénégal, présentent un fort potentiel de développement agricole.

En dehors de ces quatre régions, les seuls aménagements hydro-agricoles existants ne se retrouvent qu'au niveau de rares oasis ou petites lagunes saisonnières éparses à travers l'étendue du territoire. C'est précisément la raison pour laquelle les sites de recherches choisis sont tous implantés dans la Vallée du Fleuve, appelée à juste titre « Le Grenier du Pays », plus précisément dans la région du Trarza, spécifique à plus d'un titre.

Il est cependant curieux que malgré tout le potentiel agraire et hydraulique de la zone fluviale, estimée à 140 000 ha de terres irrigables, seule une superficie de 40 000, soit à peu près le quart (1/4) de la capacité totale, soit aménagée.

Cette situation de sous exploitation des espaces est aggravée par l'exclusion d'une frange de la population agricole : les femmes. Cela pose donc la question de l'équité dans l'accès aux rares terres inondables.

Devant cet état de fait et l'absence d'études scientifiques sur le sujet, une étude sur l'effectivité des droits économiques des femmes au SAHEL, en Mauritanie, en l'occurrence, en s'intéressant particulièrement à l'accès des femmes à l'eau à usage agricole prend tout son sens. Il s'agit d'une initiative scientifique quasi inédite tant à l'échelle nationale qu'au niveau sous régional.

L'étude en Mauritanie a porté sur trois sites représentatifs de la diversité socioculturelle du pays, dans la région du Trarza, au Sud-ouest : les villages de « Garak », de « Toulel Diery » et de « Machra Sidi », agglomérations totalisant un échantillon de 750 individus, à raison de 250 individus par site. L'échantillonnage était composé à la fois d'exploitants individuels, d'exploitants collectifs et d'acteurs institutionnels.

La recherche a été menée en procédant, au préalable, à un diagnostic contextuel fait sur la base de toutes les données disponibles collectées dans les divers centres de documentation existants. La phase suivante a consisté en des enquêtes de terrain, quantitatives et qualitatives, avec des outils spécifiques adressés, entre autres, aux exploitants individuels, aux exploitants collectifs hommes et femmes et aux acteurs institutionnels.

Selon des constats faits par la FAO — acteur institutionnel incontournable dans le domaine de l'agriculture — même si l'amélioration de l'irrigation a globalement augmenté les rendements agricoles et permis la diversification des cultures, les systèmes mis en place ont reproduit les inégalités de genre et mis à l'écart les couches les plus défavorisées. Il s'est alors avéré impératif d'œuvrer à la promotion socio-économique des femmes à travers les axes d'intervention suivants :

- l'analyse, dans une perspective de genre et de justice socio-économique, de l'accès des femmes à l'eau à usage agricole ;
- l'identification de stratégies adaptées visant une meilleure promotion et protection effective des droits des femmes à l'eau à usage agricole ;
- la production d'outils de plaidoyer pour l'effectivité des droits, la participation citoyenne et l'amélioration de la productivité des femmes ;
- le renforcement des capacités des organisations de défense des droits des femmes pour une effectivité de leurs droits économiques.

La *Wilaya* ou région du Trarza, qui constitue la zone d'étude est à la frontière sénégalaise. Elle couvre une superficie de 67 000 km2, soit 6,58 % de la superficie totale du pays et se situe dans le Sud-Ouest de la Mauritanie.

Le potentiel hydrique du Trarza se mesure principalement à travers trois sources : les ressources en eaux souterraines, les eaux de surfaces (fleuves, lacs, barrages, etc.) et le niveau annuel des précipitations. Pendant la saison des pluies, on note aussi la présence de quelques mares et cours d'eau saisonniers. L'hivernage produit également une crue annuelle du fleuve

Sénégal de juillet à octobre, qui atteint son maximum en aout, septembre et octobre.

S'agissant des aménagements hydro-agricoles, les petits et moyens périmètres collectifs villageois (de 20 à plus de 100 ha) ont été généralement réalisés par l'État, sans participation financière des bénéficiaires aux travaux d'aménagement. Ils sont équipés de motopompes et leur gestion est assurée par un groupement ou une coopérative. Ces périmètres sont anciens, leur aménagement est sommaire et les parcelles individuelles, de très petites tailles (0,2 à 1 ha) ne permettent d'assurer que l'autoconsommation familiale du ménage rural.

Les grands périmètres collectifs villageois (de 500 à 2.000 ha) ont été réalisés sur financement public (État, bailleurs de fonds), sans participation des bénéficiaires et leur coût de réalisation est particulièrement élevé. Ils ont été aménagés (sauf M'Pourié, à côté de Rosso) par la Société Nationale de Développement Rural (SONADER). Ces périmètres sont exploités en petites parcelles individuelles regroupées selon la maille hydraulique et gérées par des coopératives.

Les périmètres privés non coopératifs (de 45 à plus de 800 ha), aménagés par des promoteurs individuels privés sur fonds propres, sont détenus par des personnes privées ou morales (sociétés). Leur aménagement est généralement sommaire et à moindre coût. Certains ont été récemment aménagés de façon plus pérenne avec de nouvelles techniques d'irrigation (aspersion par pivot, goutte à goutte) à des fins de diversification agricole. Selon les responsables de la SONADER, dans la vallée, on ne rencontre presque pas de femmes qui disposent de périmètres à titre individuel privé.

Le seul cours d'eau permanent que possède la Mauritanie est le fleuve Sénégal qui constitue la frontière naturelle avec la République du Sénégal. Le fleuve Sénégal constitue un atout majeur pour l'irrigation, l'alimentation en eau de la vallée, mais aussi un espace privilégié d'échanges et une voie de navigation.

C'est à partir de ses eaux que le lac R'Kiz, son principal défluent au Trarza, est régulièrement ravitaillé.

Les derniers aménagements au bord de ce lac ont permis une grande extension des cultures. L'apport du fleuve Sénégal est estimé en moyenne à un volume annuel de 10,4 milliards de m3. À l'intérieur des terres, la plus grande mare est celle de R' Kiz qui s'étend sur une superficie de 120 km² environ. Elle est reliée au fleuve Sénégal par les rivières Laouwaja, Sakan, Sebereim et Kamlach.

Une demande nouvelle et persistante : les droits économiques, sociaux et culturels

Sous tous les cieux, le droit, ou plus exactement les droits rattachés à la personne humaine ont connu, à des degrés différents, des évolutions notables.

Quand bien même la vitesse, la pertinence et l'efficience des mutations juridico-institutionnelles n'ont pas connu les mêmes développements, chronologies et modalités de mise en œuvre ou d'adoption d'un État à un autre, tous les pays ont connu deux étapes décisives de maturation juridique. Du stade des droits naturels et innés consacrés par la Déclaration Universelle des Droits de l'Homme de 1948, tels que le droit à la vie ou à la dignité humaine, concepts assez vagues et « génériques », l'humanité est passée, depuis quelques décennies à l'avènement de droits plus concrets et orientés vers le bien-être des personnes.

Aujourd'hui, bien que la déclaration de 1948 ait déjà, depuis l'origine, posé les jalons de leur reconnaissance, il est plus question de droits imaginés, conçus et appliqués dans l'optique bien précise de fournir aux populations les garanties et moyens d'accéder de manière suffisante et impartiale à tous les biens, ressources de subsistance et activités génératrices de revenus permettant un niveau décent de qualité de vie. Il s'agit des droits économiques, sociaux et culturels, qui ont fait l'objet d'une adoption formelle par l'Assemblée Générale des Nations Unies, le 16 décembre

1966, à travers le Pacte International relatif aux Droits Economiques, Sociaux et Culturels (PIDESC). Ces droits en question visent essentiellement l'alimentation, l'éducation, le logement, la santé, l'accès à l'eau et aux services de base, le respect de conditions de travail dignes et sûres, la liberté syndicale, la salubrité de l'environnement et la préservation des ressources naturelles.

Il faut noter que les règles et principes de ce Pacte ont été repris, pour l'essentiel, par la Charte Africaine des Droits de l'Homme et des Peuples de1981.

Ils ont force constitutionnelle en Mauritanie également, depuis quelques années, étant donné que le Référendum du 25 juin 2006, portant amendement de la Constitution mauritanienne du 22 mars 1959, énonce dans son préambule que « le peuple mauritanien proclame, en particulier, la garantie intangible des droits et principes suivants :

- le droit à l'égalité ;
- les libertés et droits fondamentaux de la personne humaine ;
- le droit de propriété ;
- les libertés politiques et les libertés syndicales ;
- les droits économiques et sociaux ;
- les droits attachés à la famille, cellule de base de la société islamique ».

Nonobstant cette remarquable évolution des textes précités, qui confèrent aux droits économiques, sociaux et culturels un caractère impératif et inconditionnel, en Mauritanie, notamment, force est de constater que la pratique est bien loin de la théorie. Bien que la plupart des règles internationales liées aux DESC soient reprises par la législation nationale, la finalité qui justement a motivé leur adoption à l'échelle supranationale est loin d'être atteinte de manière optimale.

En effet, malgré le renouveau de l'affirmation politique des droits économiques et l'implication des Organisations de la Société Civile, une double question se pose : celle de la prise en compte effective du genre par le droit positif national et celle de l'égalité d'accès à toutes les ressources, en général et, particulièrement, pour ce qui nous intéresse, aux deux ressources dont l'accessibilité, la maîtrise et l'exploitation s'avèrent être des plus contraignantes dans un pays quasi désertique comme la Mauritanie : la terre et l'eau.

Photo 2 : Casier inondé dans la rive droite du Fleuve Sénégal (Mauritanie).

Cette situation est d'autant plus paradoxale qu'autant au plan légal la Mauritanie s'est outillée de textes régissant le domaine foncier, l'exploitation et la gestion de l'eau, textes n'ayant aucune portée restrictive ou discriminatoire vis-à-vis des femmes, autant, au plan institutionnel, elle s'est dotée d'institutions de gestion des zones d'aménagement hydro-agricoles. Mieux, la Loi foncière et domaniale de 1983, permet, sur le plan du principe, du moins, de sécuriser les catégories sociales anciennement dépourvues de droits sur la terre, c'est-à-dire les femmes, les castes et groupes ou individus assimilés, grâce à un système de division à parts égales des périmètres en parcelles.

Sur le plan pratique, pourtant, il en est tout à fait autrement. En effet, les mesures prises par l'État restent inopérantes, car se résumant à une série de codes et de règlements peu profitables aux femmes du monde rural qui demeurent très vulnérables, du fait de la pauvreté et de l'analphabétisme.

Pour apporter des correctifs, les politiques et programmes du secteur mettent de plus en plus l'accent sur la dimension genre de manière à permettre un accès équitable des femmes aux ressources et une meilleure participation de ces dernières au développement économique et social. Nous pouvons citer, à titre d'exemple, le Plan d'Action de la Femme Rurale issu de la Stratégie Genre du PDIAIM, les projets initiés par le Ministère des Affaires Sociales, de l'Enfance et de la Famille (MASEF) et, depuis 2008, par les Organisations de la Société civile (OSC) ou d'autres Organisations non gouvernementales (ONG) de défense des intérêts de la femme.

Une question difficile : force et limite du cadre juridique

Traiter de l'effectivité des droits économiques des femmes mauritaniennes n'est pas du tout chose aisée, pour des raisons liées aux lourdeurs administratives, aux lacunes juridiques, à l'insuffisance et à la faible fiabilité de données statistiques.

Au plan légal et règlementaire, l'État mauritanien a eu le mérite d'avoir adopté plusieurs textes régissant les aménagements hydro-agricoles, l'exploitation et la gestion de l'eau, de même qu'il a mené en 1983 une réforme foncière dont la finalité déclarée était une redistribution équitable des terres non mises en valeur en supprimant le mode de propriété ancestrale qui prévalait jusqu'alors (il s'agit de l'Ordonnance n° 83-127 du 5 juin 1983 qui définit jusqu'à ce jour la politique foncière).

Dans les faits, cette réforme, de par le contenu de son décret d'application (Décret n ° 90-020 du 31 janvier 1990, qui fut remplacé plus tard par le décret n° 2000/089 du 17 juillet 2000), a eu pour effet de profiter principalement aux hommes d'affaires et hauts fonctionnaires et non aux populations autochtones, encore moins aux couches vulnérables essentiellement constituées par les femmes. En effet, au terme de ses dispositions, seule une mise en valeur continue de cinq (5) ans, condition supposant la possession de moyens importants, peut donner droit à un exploitant à la concession provisoire d'une terre, la concession définitive étant subordonnée à une mise en valeur continue d'une durée de cinq (5) ans supplémentaires, ce qui porte la durée d'appropriation d'une terre à dix (10) ans.

Pour en revenir au corpus légal qui encadre spécifiquement l'exploitation de l'eau et les aménagements hydroagricoles, il se résume essentiellement à l'ordonnance n° 85-144 du 4 juillet 1986 portant « Code de l'eau ». Ce code pose certes le principe des diverses utilisations et ordres de priorité d'utilisation des eaux, mais il a la particularité de n'avoir pas été accompagné de décrets le complétant pour son application effective. D'un autre côté, il comporte une condition très dissuasive relativement aux travaux d'irrigation souterraine en milieu rural (mécanisme de canalisation permettant de drainer de l'eau d'une source vers une terre cultivable), lorsque l'on sait qu'il pose l'exigence, pour toute attribution de quota d'eau de plus de $5m^3$ par heure, d'une autorisation du Ministère de l'Hydraulique et que de telles activités sont soumises à de très fortes redevances.

D'autres textes, ayant également vocation à s'appliquer au secteur de l'eau existent ; il s'agit principalement d'ordonnances et de décrets règlementant plus les infrastructures, les compétences des autorités territoriales, l'organisation et les attributions du département central de l'eau que la ressource elle-même et l'exploitation qu'en font les personnes physiques.

L'innovation majeure qui mérite l'attention, par contre, réside dans l'avènement de la Loi n°2005- 030 du 02 février 2005 portant nouveau Code de l'eau (par abrogation de l'ancien, de 1985) qui définit le domaine public hydraulique artificiel des collectivités locales. Cette nouvelle loi a institué une déconcentration des compétences des autorités chargées de la surveillance et de l'exploitation de la gestion, assurant ainsi une proximité des exploitants avec l'État. Mais la plus grande originalité de la Loi n ° 2005-030, au regard de notre sujet, est que son article 2 énonce que « l'eau est considérée comme faisant partie du patrimoine de la Nation » et que, par conséquent, « *son usage constitue un droit reconnu à tous* ».

L'État, tel que nous l'avons souligné plus haut, a initié une politique sectorielle de promotion de l'irrigation et promulgué une série de textes législatifs et réglementaires. Seulement, cet effort, louable en-soi, n'a malheureusement pas toujours donné lieu ni à des mesures d'accompagnement adaptées ni à des campagnes de sensibilisation.

C'est ainsi que les lois et règlements, bien que n'édictant aucune restriction formelle aux activités agricoles des femmes, présentent une grande lacune, celle de n'avoir pas clairement et positivement inséré dans leurs dispositifs des règles obligeant les autorités préposées à l'attribution des terres et à la gestion des ressources hydrauliques à toujours intégrer la dimension genre dans l'exercice de leurs missions régaliennes. Il n'existe pas, d'ailleurs, à notre connaissance, de voies de recours judiciaires effectivement utilisées par les femmes désirant obtenir et exploiter de l'eau et des terres à usage agricole, en cas de refus, de partages faits à leur préjudice ou d'attributions qui les lèseraient dans leurs droits.

Un autre vide juridique est constitué par l'absence de toutes bases jurisprudentielles en matière d'effectivité des droits économiques des femmes. La jurisprudence se définissant sommairement comme l'ensemble de toutes les décisions de justice qui ont été rendues pour trancher un point de droit donné, l'on peut légitimement supposer que de toute l'histoire judiciaire de la Mauritanie :

— Soit aucune femme n'a jamais eu connaissance des lois et règlements lui accordant les mêmes prérogatives que les hommes dans les domaines agricoles et hydrauliques;

— Soit aucune femme n'a intenté un procès pour avoir été lésée, évincée d'une terre ou empêchée d'exercer une activité hydroagricole, ni même saisi une juridiction de droit commun ou le tribunal administratif aux fins d'obtenir réparation judiciaire de ses droits d'accès aux ressources, de jouissance ou de propriété terrienne. A causes des pesanteurs sociales, « la terre et l'eau sont avant tout l'affaire des hommes ». Un procès en Afrique, quelle qu'en soit l'issue est toujours considéré comme infamant. L'Africain, en général, et la femme africaine en particulier, n'a pas une propension à revendiquer par voie juridictionnelle ses droits. Il s'y ajoute le stress devant l'administration, le coût du recours juridictionnel, l'éloignement du tribunal compétent, etc.

Une dernière grande zone d'ombre juridique réside dans la combinaison du droit civil et du statut personnel mauritaniens, lorsque l'on sait que le système juridique mauritanien, inspiré du droit musulman (CHARII-A), conditionne et subordonne nombre de prérogatives potentielles de la femme au consentement et à l'autorisation expresse de son époux. Il en va ainsi, pour ne citer que quelques exemples :

— de certains actes de disposition et/ou de propriété ;

— de la pratique de certaines activités telles que le commerce, certains emplois ;

— de l'adhésion à certains regroupements sociaux.

L'une des questions que l'on peut se poser est donc de savoir si sciemment ou non, le justiciable mauritanien ne s'accommode pas tout simplement de cet état d'esprit.

Statut de la femme mauritanienne et discriminations liées aux facteurs socio-culturels

Tel que cela vient d'être souligné, l'un des traits caractéristiques de la société mauritanienne est, au-delà même du soubassement religieux, une profonde et tenace influence de la tradition dans tous les actes de la vie, quel que soit le domaine considéré. Quid du secteur agricole ?

De nombreuses dispositions ont été prises au niveau international dans l'optique de promouvoir l'accès équitable à l'eau entre les hommes et les femmes, notamment la Quatrième Conférence mondiale sur les Femmes à Beijing, en 1995, au cours de laquelle les gouvernements se sont engagés à faire connaitre le rôle des femmes et surtout des femmes rurales et autochtones.

La Conférence internationale sur l'Eau de Bonn en 2001 a également assigné une importance capitale à la femme à travers sa déclaration ministérielle qui prône la nécessité d'associer sur un même pied les hommes et les femmes à la gestion de l'utilisation durable des ressources en eau et d'assurer une plus grande participation de celles-ci.

Au niveau national, les femmes devraient théoriquement pouvoir tirer profit de la réforme foncière instituée par l'ordonnance n°83-127 du 5 juin 1983 dont les dispositions sur l'individualisation sécurisent les catégories sociales anciennement dépourvues de droit sur la terre (femmes, castes, groupes ou individus assimilés). Il faut noter, dans le même registre, que la Mauritanie a ratifié la Convention pour l'Élimination de toutes les Formes de Discriminations à l'égard des femmes (CEDEF/CEDAW) depuis 1999, ainsi que le Protocole de Maputo et la Charte de l'Union Africaine sur la Démocratie, les Élections et la Gouvernance (2007), qui déclare que les hommes et les femmes ont les droits égaux de participer aux processus politiques et de gouvernance de leurs pays, en qualité de leaders et de décideurs, électeurs/électrices, cadres ou agents électoraux, agents de l'État et détenteurs de droits. Cela s'est traduit, au plan institutionnel, par la création par l'État, en 1992, d'un Secrétariat d'État à la Condition Féminine (SECF). Dans la nouvelle restructuration du gouvernement réalisée en 2007, ce département a été érigé en Ministère chargé de la Promotion Féminine, de l'Enfance et de la Famille (MCPFEF), puis en Ministère des Affaires Sociales, de l'Enfance et de la Famille (MASEF) depuis août 2008.

La création de cette institution administrative, dotée des prérogatives et moyens requis pour mener à bien sa mission, aurait logiquement dû suffire à assurer et garantir la prise en compte du genre aussi bien au niveau des actions gouvernementales qu'au niveau régional et rural ainsi que dans la vie sociale et professionnelle quotidienne des femmes. Seulement, un paradoxe flagrant est mis en relief par la rédaction du Décret n° 005-2005 du 30 janvier 2005 déterminant les attributions et missions du ministère en question. Ce Décret dispose en effet que le département (MASEF) a pour mission d'assurer la promotion de la femme mauritanienne et sa pleine participation au développement économique et social, au processus décisionnel, conformément aux valeurs islamiques et en tenant compte aussi des réalités culturelles mauritaniennes et des exigences de la vie moderne.

Il y a à craindre que la conformité de la promotion de la femme mauritanienne « aux réalités culturelles mauritaniennes » ne vide de son intérêt et de sa substance le principe d'équité et de non-discrimination dans le genre que prône officiellement l'État mauritanien.

Cependant, quelques avancées significatives ont été notées sur la question de genre en Mauritanie. Nous pouvons citer :

— la prise en charge, par le gouvernement, de certaines problématiques considérées jusque-là comme relevant du tabou (mutilations génitales féminines et violences basées sur le genre) ;

— la promulgation de nouvelles législations destinées à lutter contre les discriminations à l'égard des femmes (Promulgation du Code du Statut Personnel en 2000, ouvrant à la femme de belles

45

perspectives notamment dans le domaine judiciaire et du Code du travail) ;

— la promulgation, en 2007, d'une loi instaurant un quota de 20 % de femmes sur les listes électorales ;

— une plus grande scolarisation des filles et une alphabétisation plus poussée des femmes ;

— L'initiative prise par le MASEF de mettre sur pied une stratégie sectorielle d'information, d'éducation et de la communication (IEC) pour permettre aux femmes de mieux connaitre leurs droits.

D'une manière générale, la promotion du rôle de la femme et de la dimension "Genre" dans la mise en œuvre des politiques nationales de développement s'est faite par les pouvoirs publics mauritaniens à travers un certain nombre de plans stratégiques que nous nous limiterons à décliner :

— le Cadre Stratégique de Lutte contre La Pauvreté (CSLP) ;

— la Stratégie Nationale de Promotion Féminine (SNPF) ;

— la Stratégie Nationale d'institutionnalisation du Genre (SNG) en 2009 et le Plan National de la Femme Rurale 2009/2011, toutes deux mises en œuvre par le MASEF ;

— la stratégie genre du PDIAIM.

Acteurs institutionnels chargés de la gestion de l'eau

Un très grand nombre d'organisations internationales interviennent à des degrés différents dans les politiques de préservation des ressources rares à travers des conférences et sommets à l'issue desquels elles émettent des recommandations ou font adopter des résolutions qui le plus souvent acquièrent force d'application. On peut citer : la FAO, le Conseil Mondial de l'Eau, le PHI (Programme Hydrologique International), le WWAP (Programme Mondial pour l'Evaluation des Ressources en Eau), L'OMS, l'Office International de l'Eau et le FIDA (Fonds International pour le Développement Agricole).

Au niveau institutionnel, il faut citer d'abord l'État qui, à travers le Ministère de l'hydraulique, définit et met en œuvre la politique nationale dans le secteur de l'eau, dans le respect des dispositions du code de l'eau, en concertation avec les départements ministériels et institutions concernés. Le ministère est assisté par un Conseil national de l'eau, composé de représentants de l'État, de représentants des élus nationaux et de représentants des différentes catégories d'usagers publics et privés de l'eau.

Pour ce qui est de la mise en œuvre de la politique étatique, par contre, on distingue les intervenants selon qu'ils sont chargés de la gestion de l'eau ou qu'ils n'assurent qu'une mission d'encadrement technique.

Les intervenants dans la gestion de l'eau sont le ministère de l'hydraulique et tous les établissements et/ou sociétés publiques placées sous sa tutelle : La direction de l'assainissement, la Direction de l'approvisionnement en Eau potable, les services régionaux de l'hydraulique au niveau des wilayas, le Centre National des Ressources en Eau (CNRE), qui est un établissement public à caractère administratif chargé de l'exploration, de l'évaluation, du suivi et de la protection des ressources en eau ; la SNDE (Société Nationale D'Eau), chargée de la production, du transport et de la distribution de l'eau en milieu urbain, l'Agence Nationale d'Eau Potable et d'Adduction (ANEPA) , chargée, entre autres, de la mise en place des mécanismes appropriés de gestion et de financement des programmes d'entretien et de renouvellement des ouvrages hydrauliques et d'assainissement en milieu rural et semi- urbain et, enfin, la Société Nationale de Forages et de Puits (SNFP).

Les intervenants nationaux chargés de l'encadrement des aménagements hydro-agricoles, quant à eux, sont les programmes et projets étatiques (le PDIAIM, le PNGR), les sociétés d'État (SONADER : Société Nationale pour le Développement Rural) et les délégations régionales du Ministère du Développement Rural (MDR), les représentations locales de certains organismes

47

internationaux (l'OMVS, CILSS) et les collectivités villageoises, dont le rôle reste très sommaire.

De toutes ces structures, la SONADER (Société Nationale pour le Développement Rural) est celle dont il nous semble le plus opportun de souligner la place de choix qu'elle occupe, de par son ancienneté et de par le rôle qu'elle joue. En effet, il s'agit d'une structure d'encadrement des paysans, créée depuis 1975, sous forme d'établissement public à caractère industriel et commercial, pour promouvoir le développement de l'agriculture irriguée dans la Vallée du Fleuve. Elle assure un encadrement technique au profit des périmètres irrigués sur toute la vallée.

Accès effectif des femmes à la terre

Il faut rappeler que le statut propriétaire/affectataire reste largement dominant. 93,7 % des exploitants-tes enquêté(e)s sont propriétaires ou affectataires des parcelles qu'ils exploitent. Si certaines femmes sont locataires (6,4 %), d'autres sont délégataires ou employées des parcelles qu'elles exploitent.

Les activités professionnelles dominantes des exploitants-tes individuels-les sont la riziculture et le maraîchage. La riziculture constitue la première activité professionnelle des exploitants (44,1 %), suivie du maraîchage, avec un effectif de 33,5 %. La riziculture est une activité très difficile et pénible généralement pratiquée par les coopératives masculines (près de 69 % des hommes) et les femmes s'activent principalement dans le maraichage (près de 87 %).

Les résultats de l'enquête montrent que le premier mode d'acquisition de la superficie est l'attribution par la structure de gestion (54,5 % des cas). Il est suivi par l'acquisition par voie d'héritage (22 %) puis par l'attribution par le conseil rural (13,1 %).

Ces différents modes d'attribution font ressortir de nombreuses disparités. L'acquisition par le biais de l'héritage est plus marquée chez les femmes. La plupart d'entre elles ont obtenu

48

leurs terres par le biais de l'héritage, car ces dernières appartenaient à leurs parents (c'est le cas, par exemple, des femmes de Toulèle Diéri et de certaines de Garack et de Machra Sidi). Selon les acteurs institutionnels, l'héritage constitue le principal mode d'acquisition des superficies exploitées (presque 63 % des acteurs partagent cet avis). 37,5 % des acteurs institutionnels estiment que les superficies exploitées sont attribuées par une structure de gestion.

Si certains hommes ont obtenu leurs terres par l'attribution du conseil rural (22,2 %), les femmes l'ayant obtenu par le biais de l'héritage représentent 25 % contre 17,8 % des hommes. Cela montre les difficultés que les femmes éprouvent à obtenir une parcelle de terre à titre individuel par la « voie normale » : attribution avec document à l'appui suite à une demande adressée à l'autorité compétente. Il est aussi ressorti que dans certains cas, c'est la femme qui cède à son mari les terres héritées de ses parents, soit sous le poids de la coutume, soit par insuffisance de moyens de mise en valeur.

Quand les femmes se regroupent en coopérative, l'attribution se fait par le conseil rural (chef de village, de la tribu ou du clan, etc.), après avis favorable des autorités administratives. À Garack, les femmes estiment qu'elles n'ont aucune difficulté pour obtenir les terres qui appartenaient à leurs pères et quand elles se sont organisées en groupement, ce sont le chef de village et les hommes qui leur ont attribué le site et chacune d'elle s'est retrouvée avec sa propre parcelle.

Par contre, l'attribution par la structure de gestion est presque la même, quel que soit le sexe, car la procédure d'acquisition est identique. Cet avis est largement partagé par les différents intervenants des focus groups, dans les sites de Machra Sidi et de Toulel Diéry. Concernant l'acquisition de la principale exploitation selon l'attribution par le conseil rural, elle est largement usitée en faveur des hommes.

Accès à l'eau à usage agricole

Les principaux modes d'accès à l'eau à usage agricole sont de trois ordres :

1) À partir d'une source commune contre paiement d'une redevance (65,5 %)
2) À partir d'une source commune sans redevance (22,8 %)
3) À partir de moyens propres (11,7 %).

Graphique 1 : Répartition des exploitant-es individuel-les enquêté-es en Mauritanie selon le principal mode d'accès à l'eau à usage agricole

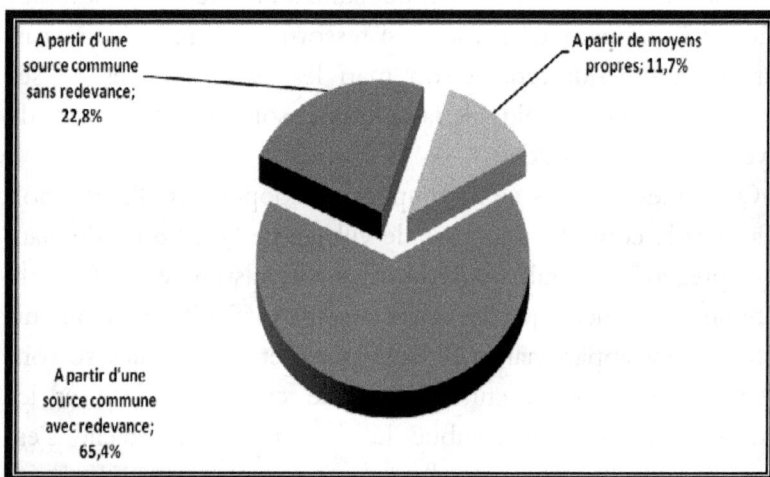

Les hommes exploitants sont plus nombreux à accéder à l'eau à usage agricole à partir d'une source commune avec redevance, car ils représentent plus de 67,7 % contre 63,6 % parmi les femmes interrogées. Les femmes disent éprouver plus que les hommes des difficultés pour s'acquitter de la redevance du fait de leur pauvreté. Les redevances sont destinées au paiement du gasoil, du pompiste et à l'entretien de la motopompe.

Le second mode d'accès est la source commune sans redevance dont l'accès reste légèrement dominé par les hommes 21,6 %.

Un nombre non négligeable d'exploitants accèdent à la source à partir de leurs propres moyens.

La majorité des exploitants collectifs (62,5 %) a recours à la source commune sans redevance en guise de principal mode d'accès à l'eau à usage agricole tandis que 37,5 % accèdent à l'eau à usage agricole à travers la source commune avec redevance. Les acteurs institutionnels partagent le même avis selon les exploitants collectifs.

Selon l'avis de 83 % des exploitants individuels interrogés, l'accès à l'eau à usage agricole ne pose pas de problème en termes de genre puisqu'ils affirment que les hommes et les femmes accèdent effectivement de la même façon à l'eau à usage agricole. Cette assertion est confirmée aussi bien chez les hommes (plus de 88 % d'entre eux) que chez les femmes (plus de 79 % d'entre elles). Cependant, ce sentiment d'égalité de sexe pour l'accès à l'eau à usage agricole reste quelque peu mitigé selon les sites dans lesquels ont eu lieu les différents focus groups.

Au niveau du site de Machra Sidi, par exemple, les intervenants des différents focus groups admettent qu'il n'y a pas de différence de sexe pour accéder à l'eau à usage agricole, tandis qu'à Toulèle Diéry, les femmes affirment qu'il y a bien une différence entre les hommes et les femmes relativement à l'accès à l'eau à usage agricole. Cette inégalité est due au fait que les femmes n'ont pas leur propre motopompe, seuls les hommes en disposent une qu'ils prêtent à ces dernières lorsqu'ils finissent d'arroser leur propre périmètre. Cet état de fait ne permet pas aux femmes de mener deux campagnes dans l'année. Les femmes restent par conséquent particulièrement dépendantes des hommes en matière d'accès à l'eau à usage agricole.

À Garack, les femmes estiment que la différence fondamentale est due au fait que le site des hommes est plus proche du fleuve où ils peuvent s'approvisionner facilement en eau et que leur motopompe est beaucoup plus puissante que la leur. Mais hormis cela, il n'existe pas, de leur point de vue, d'inégalité marquée entre les hommes et les femmes concernant l'accès à l'eau. Ceci illustre bien la difficulté des femmes à percevoir l'inégalité entre les sexes et par conséquent à revendiquer leurs droits à accéder à des terres plus proches de la source d'eau !

L'effectivité des droits des femmes à la terre et à l'eau à usage agricole, visée par la recherche, est limitée par des obstacles d'ordre économique, politique certes, mais surtout socioculturel. Au niveau culturel, les résultats issus de l'étude sur la Stratégie genre du PEDIAM montrent que les coutumes et croyances sont fortement ancrées chez les hommes et chez les femmes qui ne peuvent — lorsqu'ils ne le veulent pas tout simplement — se départir du carcan du rôle traditionnel qui leur a toujours été assigné par la société, le clan ou la tribu.

L'acquisition des superficies exploitées pose un certain nombre de difficultés pour les exploitants individuels. Ce fait a été confirmé dans les différents focus groups (à Machra Sidi et à Toulèle Diéry) où tous les participants ont estimé que les procédures d'acquisition sont les mêmes, mais que les difficultés sont certes réelles. Les femmes de Machra Sidi, quant à elles, estiment que les procédures administratives sont les mêmes pour les hommes et pour les femmes. Mais les démarches sont très difficiles surtout pour ces dernières *« il faut s'adresser au Préfet, au ministre de l'Agriculture, pour déposer la demande et attendre un délai de trois mois ; s'il n'y a pas de litiges, l'Administration convoque la coopérative pour lui attribuer le terrain et cette dernière s'occupe de la réattribution au niveau du site. »*

Malgré cette relative ouverture d'esprit, il demeure cependant que parmi la couche qui a eu le plus de difficultés pour accéder aux terres exploitées, la grande majorité est constituée de femmes (67 %).

Les exploitants collectifs affirment dans leur majorité n'avoir rencontré aucune difficulté pour acquérir une superficie exploitée. Un seul exploitant collectif a indiqué avoir rencontré des problèmes lors de l'acquisition de la superficie qu'il exploite. Ces problèmes sont surtout liés à des litiges fonciers et il a fallu qu'il s'adresse au gouvernement pour trouver une solution adéquate.

91,7 % des exploitants mettent en valeur la totalité des superficies qui leur sont attribuées. Cette tendance reste marquée plutôt chez les hommes, car près de 96 % d'entre eux mettent en valeur la totalité de leurs superficies contre 88,5 % chez les femmes.

94 % des exploitants enquêtés éprouvent des difficultés dans l'exploitation des superficies qui leur sont attribuées. Ce sentiment est également partagé par les participants des divers focus groups effectués au niveau des différents sites de l'étude.

Les exploitants imputent bon nombre de difficultés qu'ils rencontrent dans l'exploitation des terres aux institutions sous régionales à l'image de l'OMVS qui souvent cause la raréfaction de l'eau dans les marigots en raison de ses plannings d'ouverture et de fermeture du barrage.

. Les exploitants ont cité, entre autres :

- Un faible aménagement des parcelles : les exploitants pensent que les terres et les sols sont dégradés et doivent être mieux aménagés.
- Le coût élevé et à la non-disponibilité des semences sélectionnées
- La non-accessibilité des produits phytosanitaires permettant de protéger les plantes contre les insectes dévastateurs,
- La présence du typha qui bloque la circulation de l'eau au niveau des sites,
- Le manque de matériels adéquats et leur coût élevé (motopompes, gasoil, canaux d'irrigation)
- Les difficultés de mobilisation des fonds propres en plus du faible accès aux crédits bancaires pour préparer les campagnes et développer la production.

- Le manque de formation technique aux pratiques culturales et aux méthodes d'irrigation
- L'état non clôturé des sites en raison du coût élevé du grillage pour éviter la divagation des animaux.
- La pollution de l'eau, qui expose les cultures aux maladies hydriques
- Les fréquentes inondations des terres par les eaux de pluie, avec pour résultat la dévastation des cultures.

Il faut aussi signaler que l'exode rural des jeunes constitue autant de problèmes qui freinent l'exploitation des superficies attribuées aux exploitants.

Les focus groups effectués au niveau des différents sites confirment les difficultés énumérées par les exploitants.

Aucun des problèmes rencontrés dans l'exploitation des superficies attribuées n'est spécifique aux femmes. Ils concernent aussi bien les hommes que les femmes, mais ces dernières sont les plus touchées.

L'accès à l'eau à usage agricole ne manque pas de poser des problèmes aux exploitants. 76,6 % des exploitants individuels enquêtés sont confrontés à d'énormes difficultés pour accéder à l'eau à usage agricole. Les femmes éprouvent plus de difficulté et représentent un peu plus de 61 % contre 38,7 % des hommes.

Graphique 2 : Pourcentage d'exploitants-tes éprouvant des difficultés à accéder à l'eau à usage agricole.

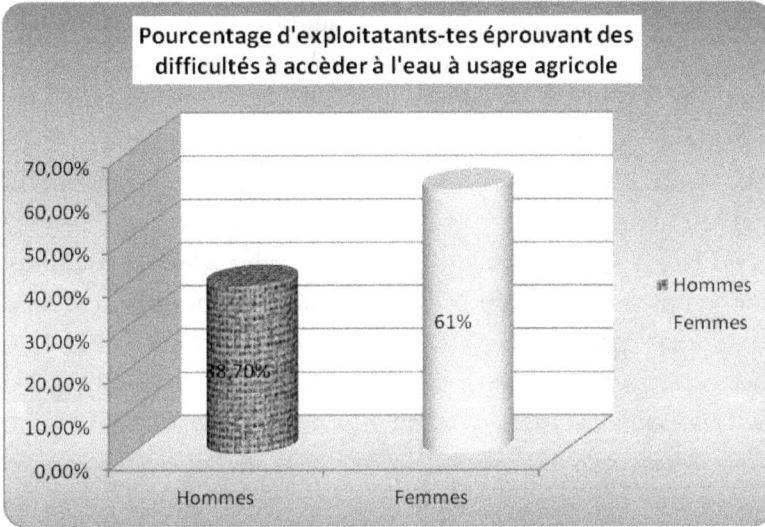

Cet avis est partagé par les différents participants aux divers focus groups. Les problèmes qui reviennent le plus souvent sont ceux qui sont liés à la canalisation, aux motopompes qui ne sont pas très puissantes, à la baisse de l'eau, au typha qui gêne voire bloque l'écoulement de l'eau et que les exploitants sont donc obligés de couper à la main.

Par exemple dans le site de Toulel Diéry, il existe une seule motopompe qui appartient aux hommes. Pour l'utiliser, les femmes doivent acheter du gasoil qui coûte très cher et font recours à un pompiste pour allumer la machine. L'eau coule à travers le canal d'Abdallahi qui est très éloigné et souvent fermé. Cela implique qu'elles sont alors obligées d'utiliser des arrosoirs et des seaux pour arroser matin et soir leurs périmètres dès les premiers jours, jusqu'à ce que les plantes soient bien solides ; cela fait, elles restent 4 à 5 jours de suite avant de reprendre l'arrosage.

Au niveau de Garack, l'une des contraintes d'accès est liée au fait que l'eau du marigot tarit souvent pendant certaines périodes. Lorsque le niveau de l'eau baisse, les motopompes qu'elles

55

utilisent, du fait de leur faible capacité, ne permettent pas d'arroser tous les champs, en particulier le grand site des arbres fruitiers. De ce fait, elles se voient contraintes de payer des hommes pour creuser des puits et couper les typhas qui bouchent le canal reliant le fleuve au marigot, afin de faciliter la circulation de l'eau au niveau du site. L'autre contrainte, d'ordre administratif, est imputable à l'OMVS qui, par ses plannings d'ouverture et de fermeture du barrage, cause une raréfaction de l'eau au niveau du marigot.

À Machra Sidi, plusieurs voix féminines s'exclamèrent en même temps pour montrer la difficulté qu'elles ont pour accéder à l'eau à usage agricole « *c'est très très difficile d'accéder à l'eau à usage agricole ; nous possédons d'anciennes motopompes qui datent de 1990 ; elles ne sont plus puissantes et chaque année, elles sont segmentées. Si nous avions un canal normal, nous pourrions nous charger de l'ouverture et de la fermeture des vannes.* »

Les tuyaux sont souvent troués, les canaux secondaires sont dans un mauvais état et le canal principal doit être nivelé et creusé. Les femmes disposent d'une seule motopompe, fonctionnelle, mais pas très puissante et en louent une autre, moyennant une cotisation mensuelle de 300 UM de chaque membre de la coopérative. Pour faciliter la circulation de l'eau, les hommes creusent pour elles des passages à partir de la source d'eau, jusqu'à leur site. « *Ce sont les hommes qui se chargent de la réparation et du nettoyage du canal ; ce dernier se trouve dans un ravin et il est difficile de faire remonter l'eau. Ce sont les hommes qui remplissent de sable les sacs au-dessous de la "tête morte" du canal (comprendre par-là la partie supérieure, en amont) qu'ils posent ensuite sur des piquets disposés à l'intérieur même du canal pour pouvoir acheminer l'eau* ».

Il convient seulement de noter que l'eau existe, mais que ce sont les moyens d'accès qui posent surtout problème.

Des problèmes d'approvisionnement en eau existent selon certains exploitants individuels interrogés (37 % contre 62,7 % qui considèrent qu'il n'en existe pas). Ces problèmes sont surtout liés à la position de l'exploitation. C'est souvent le cas des femmes de

Machra Sidi qui affirment que ce problème est surtout lié à l'accessibilité de la source. Les femmes considèrent que le fleuve est éloigné de leur site et elles obtiennent l'eau à travers un bras du fleuve. Le canal est situé dans un ravin et il est difficile de faire remonter l'eau qui est disponible, ce qui rend extrêmement éprouvant son acheminement sur les sites.

L'éloignement entre les sources d'eau et les sites pose très souvent aux femmes un véritable problème. Elles sont contraintes de faire incessamment le déplacement entre le fleuve et leur site d'exploitation,

Près de 58 % des exploitants-es individuel-les enquêté-es affirment que leurs exploitations sont proches de la source d'approvisionnement.

Les exploitants qui estiment que leur site est relativement éloigné de la source d'approvisionnement en eau représentent 26 %, suivis de la proportion des exploitants qui se sentent très éloignés de la source d'approvisionnement en eau, qui est de 15,8 %. Cette dernière catégorie est caractérisée par la prédominance des femmes (55,2 % contre 45,5 % des hommes).

Graphique 3 : Eloignement de l'exploitation agricole de la source d'eau

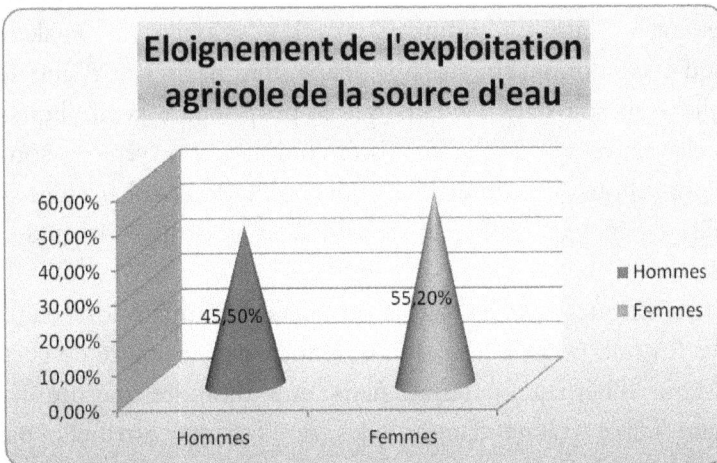

Graphique : Eloignement de l'exploitation agricole de la source d'eau — Hommes 45,50%, Femmes 55,20%

Selon les acteurs institutionnels enquêtés, le problème lié au faible équipement en motopompe constitue la difficulté la plus préoccupante chez les exploitants (33,3 %). Le second problème est relatif à la prolifération du typha (25 %) qui bloque la circulation de l'eau. Les autres difficultés sont dues au manque d'entretien des canaux, à la baisse du niveau de l'eau (16,7 %) et à l'éloignement des parcelles (8,3 %).

Selon eux, le principal problème que rencontrent les femmes réside dans l'absence de motopompes, suivi du fait qu'elles sont toujours servies après les hommes (ce cas est surtout constaté à Toulèle Diéri).

La baisse du niveau de l'eau et la mauvaise organisation constituent aussi des difficultés que rencontrent les femmes pour accéder à l'eau à usage agricole.

Des traditions et coutumes foncières misogynes à l'acquisition administrative

Les femmes sont généralement exclues de la dévolution successorale des terres; leur héritage étant surtout constitué de biens meubles. Et quand bien même elles seraient admises à la succession, elles n'hériteraient, conformément aux préceptes de l'Islam, qu'une moindre part de la terre la plus importante revenant aux hommes. Il arrive également, lorsqu'exceptionnellement, une jeune femme hérite d'une terre, qu'elle n'en soit dans les faits que la propriétaire symbolique, car soit elle est tentée de l'offrir à son conjoint, son frère ou son fils, soit son époux, réputé être le pourvoyeur de la subsistance de la famille, la met en valeur et dispose à sa guise des fruits de son exploitation.

Les femmes mariées, âgées ou chefs de famille possédant des terres les ont, pour la majorité, obtenue de la structure de gestion, par voie d'héritage parental dans une moindre mesure tandis qu'une faible frange d'entre elles se l'est vue attribuée par le Conseil Rural. Il faut noter que la Mauritanie connait un système patriarcal où la terre, qui constitue un bien économique, est « une affaire d'hommes » et ce sont eux qui la distribuent et la contrôlent, la femme étant généralement exclue du processus.

Ceci s'est confirmé lors des focus groups effectués à Toulèle Diéri. Les femmes estiment qu'elles ne sont pas concernées par le partage des terres et qu'elles n'y accèdent pas au même titre que les hommes ; les femmes n'ont en tout que 2 ha et le reste appartient aux hommes. *« Nous n'étions pas présentes au moment de la distribution des terres, les hommes se sont regroupés et n'ont pas fait appel aux femmes pour un partage équitable »*

En plus, les exploitants-tes estiment que certaines valeurs culturelles ou religieuses empêchent les femmes d'accéder aux terres, même si les mentalités commencent à changer ; À Machra Sidi, par exemple, il est estimé que « *les femmes étaient considérées dans la tradition maure comme étant faites pour le foyer et que du foyer, elles vont au cimetière, mais qu'aujourd'hui, elles sont plus éveillées, évoluées, et ont davantage de besoins* »

Mais l'on constate que l'on passe, avec l'avènement de la structure de gestion et du conseil rural, d'une coutume foncière misogyne à un mode d'acquisition administratif des terres. En effet, à chaque fois que les femmes sont organisées en coopératives, le conseil rural (dirigé par le chef de village, de clan ou de tribu) leur attribue systématiquement les terres qu'elles convoitent, après avis favorable des autorités administratives.

Perceptions et changements souhaités

La grande majorité des exploitants enquêtés (59,4 %) jugent que les hommes et les femmes participent de manière identique aux activités menées sur le site. 65,6 % des femmes partagent cet avis contre 52 % des hommes.

Les exploitants collectifs ont le sentiment que les hommes et les femmes participent de manière différente (plus de 62,5 %) dans la réalisation des activités menées sur le site. En effet, plus de

37,5 % des exploitants estiment que la réalisation des activités diffère selon le sexe.

Près des deux cinquièmes (2/5) des exploitants interrogés affirment que les hommes travaillent un peu plus que les femmes. Par contre, le quart des exploitants enquêtés pensent que les hommes et les femmes font tous les mêmes travaux.

Il faut dire que la mise en valeur des terres nécessite une force physique que les femmes n'ont pas et elles sont souvent appuyées par les hommes qui font les travaux les plus difficiles « A Machra Sidi, les femmes affirment que les hommes les aident à aménager leurs périmètres et les assistent dans la culture. Quand le canal est bouché, ils le réparent et le nettoient ; ils déplacent la motopompe ; nous, les femmes, nous les aidons à rassembler le riz, égorgeons pour eux des moutons et leur servons du thé pour les encourager ».

Quant aux hommes, ils affirment qu'ils sont toujours présents à l'appel des femmes et les aident pour les activités les plus dures à chaque fois qu'elles en ont besoin.

À Toulèle et à Garack, les hommes affirment qu'ils sont conscients que ce sont eux qui devraient, en principe, régler les problèmes des femmes, mais qu'ils ne disposent pas des moyens nécessaires pour le faire. En écho, les femmes pensent que les hommes ne peuvent pas les aider, car ils ont autant de problèmes qu'elles et qu'elles sont aptes à résoudre toutes seules leurs problèmes et à se prendre en charge.

Les acteurs institutionnels (plus de 37 %) sont partagés sur les avis selon lesquels les femmes sont plus actives que les hommes ou sur le fait qu'ils participent de manière identique dans l'accomplissement des activités. Seul un quart des acteurs institutionnels considère que les hommes sont plus engagés que les femmes.

L'inégalité de genre sur les bénéfices tirés des différentes activités reste manifeste selon les résultats de l'enquête. La grande majorité des exploitants interrogés (56 %) estime que les hommes et les femmes ne tirent pas les mêmes bénéfices par rapport aux activités menées sur le site. Cet avis reste majoritairement plus mitigé chez les femmes (57 % d'entre elles) que chez les hommes (42 %).

La plupart des exploitants collectifs justifient cet avis par le fait que les hommes gagnent plus que les femmes (presque 43 % des exploitants interrogés). 28,6 % des exploitants pensent que le bénéfice tiré ne dépend pas du sexe des exploitants, mais se situe plutôt à un autre niveau. Les hommes ont beaucoup plus de moyens d'accéder au crédit, car l'UNCACEM ne finance que le riz, or, la riziculture est une activité généralement menée par les hommes et cela influe positivement sur le rendement de leur production. Les femmes pratiquent généralement le maraichage qui ne bénéficie d'aucun soutien financier. Il n'existe pas non plus de conditions favorables de conservation de leurs produits qui sont le plus souvent périssables.

La formation et l'apprentissage constituent l'un des moyens les plus efficaces d'accroitre la rentabilité de l'activité. Les femmes sont généralement analphabètes et elles souffrent d'un manque de formation et d'encadrement technique. Il y'a aussi le fait que les hommes ont beaucoup plus de temps à consacrer à leur site que les femmes, qui doivent s'occuper des travaux domestiques et ne disposent que des après — midi pour se rendre au niveau de leur site. De même, les terres attribuées aux femmes ne sont pas souvent de bonne qualité et les problèmes de salinité et d'inondation des parcelles, à cause des eaux de pluie, mènent souvent à une faible productivité et à la non-rentabilité escomptée des produits.

Ignorance des textes réglementaires

Les textes règlementaires et procédures en matière d'accès aux facteurs de production indiqués par les acteurs institutionnels sont :
- Pour la terre : la Loi domaniale de 1983,

- Pour l'eau : le Code de l'eau et la Charte de l'eau de l'OMVS

Cependant, ces textes et procédures sont souvent méconnus et, par le grand public et par les exploitants mauritaniens qui souffrent de beaucoup de lacunes et d'un grand manque à gagner lié à leur ignorance des supports juridiques précités.

93,2 % des exploitants individuels interrogés ne connaissent pas les textes réglementaires ou les procédures en matière d'accès aux facteurs de production. Cette ignorance est très significative aussi bien chez les hommes que chez les femmes (91,7 et 94,3 %).

La majorité des exploitants individuels pensent qu'il n'existe pas de recours en cas d'infraction aux textes réglementaires ou procédures en matière d'accès à l'eau à usage agricole.

La grande majorité des acteurs institutionnels (plus de 62 %) enquêtés estiment qu'il existe bien des recours en cas d'infraction à la réglementation ou aux procédures en matière d'accès à l'eau à usage agricole.

Les perceptions par les acteurs institutionnels des choses à changer ne devant pas forcément être contradictoires, mais tout de même quelque peu divergentes avec celles des exploitants, vu que leurs intérêts ne sont pas toujours du même ordre, il est assez curieux qu'il n'ait pas été relevé de différences tranchées entre les souhaits exprimés par les uns et les autres.

Actions à mener selon les acteurs institutionnels

En dehors d'un plus grand intéressement des exploitants à la législation qui encadre les activités liées à la terre et à l'eau, les acteurs institutionnels ont milité pour une remise à neuf des aménagements, une augmentation des motopompes mises à la disposition des exploitants et un meilleur entretien des canalisations.

Actions à mener selon les exploitantes

Au risque de répéter les sollicitations des acteurs institutionnels, trois requêtes ont constamment été formulées au fil des entretiens de tous les exploitants collectifs : il s'agit de la réfection des aménagements, de l'équipement en motopompe et de l'enlèvement du typha qui obstrue leurs canalisations.

En plus de ces trois points, les femmes ont demandé la satisfaction d'autres doléances :

- La subvention de l'engrais pour les activités de maraichage
- l'approvisionnement en équipements (grillages, boutiques communautaires, magasins pour stocker la récolte, moyens de transport pour acheminer leurs productions vers les lieux de vente…)
- Le besoin de formation en langues nationales
- le besoin de formation sur les techniques culturales, la production des semences, l'utilisation des engrais.

Photo 3 : Atelier de plaidoyer en Mauritanie.

En plus de ces besoins, les femmes estiment que leurs droits sont souvent lésés et qu'elles sont maintenant très engagées, en tant que citoyennes à part entière, à changer cela, surtout en ce qui concerne l'accès à la terre et à l'eau à usage agricoles. Elles estiment qu'elles méritent d'être soutenues aussi bien par l'État et les ONG que par la communauté et les hommes qui sont les seuls acteurs susceptibles de les aider à mettre en œuvre leurs droits.

Concernant les difficultés liées au droit d'accès aux facteurs de production (accès à la terre, à l'eau à usage agricole), seul l'État est capable de le régler. Quant aux ONG, elles doivent servir d'intermédiaires et jouer efficacement un rôle pour obliger l'État à réagir dans ce sens.

Conclusion

Les données issues de l'étude montrent que sur les 732 exploitants individuels enquêtés la plupart n'ont pas fréquenté l'école ou une structure professionnelle et ne sont alphabétisés dans aucune des langues nationales. Ceux qui ont fréquenté l'école ou une structure professionnelle n'ont qu'un niveau élémentaire.

Les activités dominantes dans les sites sont la riziculture et le maraîchage aussi bien pour les acteurs individuels que pour les exploitants collectifs. Les femmes s'activent dans le domaine du maraîchage tandis que les hommes pratiquent la riziculture. Cependant, ces deux activités ne sont pas les seules auxquelles s'adonnent les exploitants, qui diversifient leurs productions traditionnelles avec d'autres telles que le commerce et l'artisanat.

Pour ce qui est des bénéfices générés, les hommes et les femmes ne tirent pas les mêmes bénéfices par rapport aux activités qu'ils mènent sur les sites. Les différents acteurs interrogés estiment en majorité que les hommes gagnent plus que les femmes. Les causes de cette disparité sont le bas niveau de formation professionnelle de ces dernières (manque d'encadrement sur les techniques de production et de gestion des ressources),leur indisponibilité et aussi le fait que les activités maraichères pratiquées par les femmes constituent pour la majorité d'entre elles une activité de subsistance plutôt qu'une activité à but commercial ou lucratif.

L'étude révèle que l'attribution des terres par la structure de gestion compétente, l'héritage ou le don, constitue les principaux modes d'acquisition de la superficie d'exploitation pour la plupart des exploitants qui sont, soit propriétaires/affectataires ou délégataires de leurs parcelles.

Paradoxalement et contrairement à toute attente, l'acquisition par héritage est plus marquée chez les femmes que chez les hommes.

Les procédures d'acquisition des superficies sont les mêmes aussi bien pour les hommes que pour les femmes ; cependant, pour les femmes après attribution des terres par la structure de gestion, il faut l'autorisation du conseil rural (chef de village ou de tribu) qui gère la terre et régit le droit d'exploitation et de mise en valeur. Si les femmes jouissent de leurs terres, elles ont rarement accès à la propriété foncière. Les rares cas où les femmes sont propriétaires de leurs terres se rencontrent dans le cadre d'une appropriation collective dans laquelle chacune détient sa propre parcelle qu'elle exploite.

Les perceptions des exploitants surtout, sont essentielles et font état de positions inégalitaires des hommes et des femmes dans la mesure où la majorité des acteurs interrogés jugent que les femmes et les hommes ne participent pas de manière identique aux activités menées sur le site, ces derniers travaillant un peu plus que les femmes.

Concernant l'accès à l'eau à usage agricole, il se fait suivant deux modes: un recours à la source commune, avec redevance pour la plupart des exploitants interrogés et un recours à la source commune sans redevance, surtout pour les exploitants collectifs. Les redevances sont réservées à l'achat du gasoil, au paiement du pompiste ou à l'entretien de la motopompe.

De nombreuses difficultés ont été soulevées par les exploitants interrogés qui sont d'ordre technique, économique et socio culturelle.

Les difficultés d'ordre technique sont relatives à l'exploitation des terres et à l'accès à l'eau à usage agricole. L'étude montre que si la majorité des exploitants affirment qu'ils mettent en valeur la totalité des superficies qui leur sont attribuées, il faut cependant noter qu'ils éprouvent d'énormes difficultés pour le faire (92,4% des femmes et 96% des hommes). Ces difficultés sont dues au faible taux aménagement des parcelles et à leur coût très élevé, au manque d'entretien des périmètres et des équipements d'irrigation et d'intrants de qualité (motopompes, canaux, gasoil, produits phytosanitaires, semences, etc.), au défaut de formation sur les techniques culturales, aux terres souvent inondées par les eaux de pluie, à l'envahissement des sources d'approvisionnement en eau par le typha, etc.

Les problèmes d'approvisionnement en eau sont le plus souvent liés à la position de l'exploitation et à l'éloignement de la source. Par rapport au positionnement, les sites des hommes (Garack et Machra Sidi) sont plus proches de la source d'eau que ceux des femmes. Les sites des hommes se trouvent plus près du fleuve, alors que ceux des femmes se situent relativement près d'un marigot (site des femmes de Garack), d'un canal (Toulèle Diéri) ou d'un bras du fleuve (Machra Sidi).

Les difficultés économiques sont liées à l'accès au crédit formel et à la mobilisation des fonds propres pour préparer les campagnes. L'accès des femmes à l'eau à usage agricole demeure très fortement lié à l'accès à la terre et aux moyens techniques et financiers d'exploitation.

Les facteurs socio culturels limitent l'émancipation des femmes, quant à l'accès et au contrôle des ressources de production et font que les hommes sont servis avant les femmes. Cependant, les femmes ne se limitent plus, de nos jours, à leur rôle traditionnel de reproduction et même si les hommes leur reconnaissent certaines capacités en matière de gestion, cela ne se traduit pas toujours par une grande évolution dans leurs comportements vis-à-vis d'elles. Malgré la loi foncière de 1983 et son décret d'application n°2000.089 du 17 juillet 2000 qui ne pose pourtant aucune discrimination de genre, sur le plan du principe, les femmes éprouvent de nombreuses difficultés liées à l'accès à la propriété foncière, à la faiblesse des superficies qui leur sont attribuées, à leur mise en valeur et à l'accès aux moyens techniques.

Les résultats de l'enquête au niveau des sites montrent que la majorité des exploitants ignorent les textes et procédures liés à l'accès aux facteurs de production. Les femmes sont plus touchées par ce problème et un plaidoyer s'impose pour vulgariser et expliquer la législation applicable dans ce domaine.

De nombreux changements ont été souhaités par les exploitant-es. Parmi les vœux les plus récurrents, l'on note l'aménagement des superficies qui leur sont attribuées, la disparition du typha, l'acquisition en nombre suffisant de nouvelles motopompes plus puissantes, la fourniture en équipements, la subvention de l'engrais et du gasoil, la formation sur les techniques culturales et une sensibilisation conséquente sur les textes nationaux qui régissent l'accès aux facteurs de production. Les acteurs susceptibles de conduire à ces changements sont l'État et les ONG en tant qu'intermédiaires. Les collectivités locales, les hommes et les femmes ont également un rôle prépondérant à jouer pour améliorer les conditions de vie des femmes dans les aménagements hydro agricoles.

C'est peut-être la seule manière de dépasser les paradoxes mauritaniens, celui du cadre réglementaire égalitaire dont les femmes ne profitent pas, celui de l'organisation sociale traditionnelle que les hommes critiquent ouvertement, celui également, des femmes qui affirment haut et vouloir travailler, mais ne réclament pas la terre et celui enfin de l'État qui déclare la lutte contre la pauvreté et n'engage pas des politiques hardies en milieu rural pouvant libérer les énergies et mobiliser les potentiels féminins.

Bibliographie

BADIANE E., 2004, « Développement urbain et dynamiques des acteurs locaux, le cas de Kaolack », Thèse de Doctorat d'état en géographie, Université de Toulouse.

BODY-GENDROT, S., 1998, « *L'insécurité. Un enjeu majeur pour les villes* », *Sciences Humaines*.

DIARRA Souleymane, 2008, « La gestion de l'eau en milieu aride », Mémoire de DEA, UGB/SL/SN.

DIA I., 1988, *Sociologie et écologie dans la problématique des aménagements hydro agricoles dans la moyenne vallée du Sénégal, Thèse de troisième cycle, ISE, UCAD.*

DIAWARA (S. A.), 1999, *L'OMVS, une expérience de gestion de cours d'eau partagés, Série Documents and Submissions, N° 18, Cape Town ;*

DIOUF, Amadou Mactar, 2005, *Analyse institutionnelle de la gestion des ressources en eau dans le delta du Fleuve Sénégal.*

DUBRESSON, A., RAISON , JP, 1998, *L'Afrique subsaharienne, une géographie du changement,* Paris : Armand Colin : 10.

GEORGE (P.), 1978, *Géographie rurale,* Paris, PUF, 350 p.

Ministère des Affaires Economiques et du Développement/Office National de la Statistique, 2009, « Profil de la Pauvreté en Mauritanie, Document Provisoire ».

Ministère des Affaires sociales, de la Famille et de l'enfance/PNUD, 2009, « Etude sur l'accès des femmes aux ressources productives ».

Ministère des Affaires sociales, de la Famille et de l'enfance, 2008, « Evaluation de la mise en œuvre des recommandations du Programme d'action de Beijing par la Mauritanie, Beijing +10 ».

Ministère des Affaires sociales, de la Famille et de l'enfance, 2008, « Evaluation de la mise en œuvre des recommandations du Programme d'action de Beijing par la Mauritanie, Beijing +15 ».

Ministère de l'agriculture et de l'élevage /Société Nationale pour le Développement Rural, 2007, « Activités d'Appui aux activités des femmes dans le cadre du conseil rural ».

Ministère du développement rural,2006, « Revue du secteur rural : Aspects fonciers et institutionnels et fonciers ».

Ministère des affaires économiques et du développement/Centre Mauritanien d'Analyses Politiques (CMAP), 2005, « Analyse des potentiels de croissance du secteur rural en Mauritanie ».

Naciri R., 2008, « Stratégie Nationale d'Institutionnalisation du Genre », MPFEF/UNDP, Mauritanie.

Ould Ahmed Mahmoud, 2000, *Problèmes de gestion de l'eau an Mauritanie,* Thèse pour le Doctorat d'Etat, Nice.

Pacte relatif aux droits civils et politiques, Haut-Commissariat des Nations Unies aux droits de l'Homme, 1966

Pacte relatif aux droits civils et politiques, adopté et ouvert à la ratification et à l'adhésion par l'Assemblée générale dans sa résolution 2200A XXI du 16 mars 1976 conformément aux dispositions de l'article 49

Pacte de 1996 relatif aux droits économiques, sociaux et culturels (PIDESC).

PNUD, 2002, « La Mauritanie à l'aube du 21ème siècle, Bilan Commun de Pays.

POURTIER R., « La crise de l'Etat et la crise urbaine en Afrique Noire », Espaces Tropicaux, CEGET, 1991, p. 12.

Protocole de la Charte Africaine des droits de l'Homme et des peuples relatifs aux droits des femmes en Afrique, adopté le 11 juillet 2003

Protocole facultatif au Pacte International relatif aux droits économiques, sociaux et culturels instituant un mécanisme de plainte, 10 décembre 2008

Rapport sur les Droits de l'Homme en Mauritanie, 1996

Rapport National d'investissement Mauritanie: l'eau pour l'agriculture et l'énergie en Afrique : les défis du changement climatique, Syrte, Jamahiriya Arabe Libyenne, 15-17 décembre 2008

République Islamique de Mauritanie/Système des Nations Unies, 2010, « Rapport sur les progrès 2010 vers l'atteinte des objectifs du Millénaire pour le Développement(OMD) en Mauritanie », Rapport provisoire.

République de Mauritanie, 2010, « Cadre stratégique de lutte contre la pauvreté 2006- 2010 ».

République de Mauritanie/Ministère du développement rural, 2007, « Etat des lieux et perspectives du secteur rural en Mauritanie, Rapport de synthèse présenté à l'atelier de concertation Nationale ».

République de Mauritanie/Ministère du développement rural et de l'environnement, 2001, « Stratégie de développement du secteur rural horizon 2015 ».

République de Mauritanie/Ministère du développement rural et de l'environnement/PDIAM en Mauritanie, 2004, « Stratégie Genre ».

République Islamique de Mauritanie, 2001, « Lettre de politique de développement de l'agriculture irriguée Horizon 2010, Document à présenter au Quatrième groupe Consultatif pour la Mauritanie », Paris.

République Islamique de Mauritanie/Système des Nations Unies, 2010, « Rapport sur les progrès 2010 vers l'atteinte des objectifs du millénaire pour le développement (OMD) en Mauritanie ».

Secrétariat d'Etat à la Condition féminine/Direction des Programmes, 1999, « Stratégie nationale de promotion féminine : femmes et vie associative», Volume 3.

Zwarteveen, M., 2006, "Gender Relations and Irrigated Land, Allocation Policies in Burkina Faso".

Documents officiels :

Journal Officiel de la République de Mauritanie : Ordonnance n°
87/289 du 20 octobre 1986

Journal Officiel de la République Islamique de Mauritanie n° 670-
671: Ordonnance n° 85 144 du 04 Juillet 1986 portant CODE
DE L'EAU

République de Mauritanie : Constitution de la République de
Mauritanie du 20 juillet 1991

Chapitre 3: Niger

Au Cœur De La Marginalisation Des Femmes En Milieu Rural Nigérien : *Cas De L'accès À L'eau À Usage Agricole*

Tidjani Alou Mahaman[8]**, Mossi Maiga Illiassou**[9] **et Daouda Hainikoye Aminatou**[10]**.**

Introduction

La question des droits économiques des femmes s'inscrit dans le cadre plus large des droits de la personne humaine. Aujourd'hui, un dispositif juridique solide la consacre à l'échelle internationale. Et la plupart des Etats l'ont inséré dans leur droit positif. Le Niger s'est inscrit dans ce mouvement. Il a ratifié les principaux outils existant en la matière. Les plus importants d'entre eux sont intégrés dans sa constitution comme pour leur donner un caractère fondamental. Il s'agit principalement de la déclaration universelle des droits de l'Homme et de la charte africaine des droits de l'homme et des peuples.

Ainsi, aborder notre sujet en privilégiant une piste orientée vers l'accès à l'eau à usage agricole offre un terrain fécond pour mieux appréhender l'effectivité des droits économiques des femmes. Evidemment, cette piste n'épuise pas le sujet. Elle l'éclaire dans certaines de ses dimensions pouvant contribuer aux débats sur ces sujets porteurs.

Dans un pays comme le Niger, la pertinence du sujet est évidente. En effet, l'accès à l'eau à usage agricole renvoie à plusieurs sujets connexes, concernant le foncier et les questions

---

[8] Université Abdou Moumouni de Niamey
[9] Institut National de la recherche agronomique du Niger
[10] Réseau Africain pour le développement intégré

alimentaires de façon générale, toutes, d'actualité en raison des problèmes cruciaux qu'ils posent aussi bien à l'Etat dans les actions quotidiennes qu'aux populations confrontées à l'insécurité alimentaire et à l'accès au foncier.

Le Niger est le pays sahélien par excellence. Il fait face à des crises alimentaires récurrentes, obligeant ses différents gouvernements, et ce depuis plusieurs décennies, à envisager régulièrement des réponses politiques et institutionnelles dont ils attendent qu'elles apportent des solutions définitives à ces problèmes. Récemment, c'est pour sécuriser les productions agricoles, dans un contexte écologique marqué par des déficits pluviométriques et caractérisé par la prépondérance d'une économie rurale, que les pouvoirs publics ont élaboré et mis en œuvre des stratégies de développement agricole qui font de la mobilisation et de l'utilisation de l'eau une priorité. C'est dans ce sens qu'il faut comprendre le lancement de l'Initiative « 3N [1] » pour la sécurité alimentaire et le développement agricole durable. Celle-ci accorde une place privilégiée à la maitrise de l'eau comme facteur déterminant de la production agricole. Une telle option prend en compte tous les acteurs pouvant concourir à sa réalisation. Bien entendu, les femmes y figurent en bonne place, même si elles restent faiblement reconnues dans la réalité. Pourtant, elles constituent un acteur à part entière, comme les autres, à l'exclusion de toute forme de discrimination.

Cependant, un examen minutieux des pratiques en la matière fait ressortir qu'elles subissent une réelle marginalisation dans les processus de production agricole. Leur accès à la terre reste extrêmement limité comme nous allons le voir à l'examen de leur droit d'accès à l'eau à usage agricole sur les grands aménagements hydro-agricoles au Niger. Ceux-ci constituent un pan non négligeable de la production agricole au Niger. Les enjeux liés à la production agricole, notamment à travers la mobilisation de l'eau, permettent de voir comment les femmes sont restées à l'écart de

---

[1] 3N : « les Nigériens Nourrissent les Nigériens ».

l'exploitation des parcelles aménagées sur les périmètres qui ont fait l'objet de notre investigation.

Le droit à l'eau à usage agricole est considéré dans cette recherche comme une jauge pertinente pour évaluer l'effectivité des droits économiques des femmes, telle qu'elle tente de prendre forme au Niger. A l'évidence, dans ce pays, ces droits bénéficient d'une reconnaissance indiscutable, aussi bien dans les textes fondamentaux de la République (Constitution du 10 août 2010), qu'à travers les différentes stratégies de développement qui s'y sont développées à l'instar de la Politique Nationale Genre. Mais, il faut reconnaître que leur mise en œuvre souffre de nombreuses insuffisances dès lors qu'on oriente le regard vers les femmes rurales qui évoluent le plus souvent dans des conditions souvent éloignées des conditions permises par le droit en vigueur.

Deux périmètres irrigués rizicoles, Toula et Sébéri, ont servi de terrains de recherche dans le cadre de ce travail. Au moment de leur installation, ces périmètres ne comptaient aucune femme. Le périmètre de Toula, installé en 1974, se trouve dans la zone sahélienne du Niger caractérisée par une pluviométrie située entre 300 et 400 mm/an et où les productions céréalières sont aléatoires (République du Niger, 1997). Il couvre une superficie nette de 244 ha exploités par 769 exploitants. Il est alimenté en eau à partir du fleuve Niger grâce à une station de pompage dotée de 4 pompes qui permettent de délivrer la quantité d'eau nécessaire aux exploitants. Le périmètre de Sébéri, pour sa part, a été créé en 1980. Comme le périmètre de Toula, il se trouve aussi dans la zone sahélienne du Niger où la pluviométrie varie entre 300 et 400 mm/an. Il couvre une superficie exploitable de 380 ha exploités par 1100 producteurs. Le périmètre est également alimenté en eau à partir du fleuve Niger.

Photo 4 : A la recherche de l'information sur les contraintes d'accès des femmes à l'eau à usage agricole

Les méthodes utilisées pour la collecte des données associent plusieurs dimensions complémentaires : une analyse documentaire exploratoire, une enquête par questionnaire sur les deux sites, des focus-group pour recueillir des données qualitatives. Par ailleurs, la démarche privilégiée a été itérative à travers l'organisation d'un atelier à chaque étape de la présentation des résultats obtenus[11].

---

[11] Le projet « l'effectivité des droits économiques des femmes : cas du droit à l'eau à usage agricole » est un projet de recherche développement qui a suivi les étapes suivantes :

1)Recherche documentaire ; 2)Lancement du projet à travers un atelier avec les parties prenantes ; 3)Formation des enquêteurs pour la collecte des données ; 4)Enquêtes de terrain à Sébéri et à Toula ; 5)Réalisation des focus groupes ; 6)Mise en place du Réseau pour le plaidoyer sur l'effectivité des droits économiques des femmes : cas de l'eau à usage agricole ; 7)Restitution des résultats de la recherche documentaire ; 8)Atelier de formation des membres du Réseau sur le plaidoyer ; 9)Atelier de redynamisation du Réseau pour le plaidoyer sur l'effectivité des droits économiques des femmes : cas de l'eau à usage agricole ; 10)Restitution des résultats de la recherche aux membres du Réseau ; 11)Réunions pour l'élaboration des projets de textes du Réseau pour le plaidoyer ; 12)Formation des femmes leaders des organisations féminines et des activistes des organisations de promotion des droits économiques en plaidoyer ;

Cependant, le point fort de cette démarche méthodologique reste l'enquête par questionnaire. Celle-ci a fourni indiscutablement les éléments qui ont permis d'asseoir la démarche comparative qui a caractérisé cette recherche.

Il faut reconnaître que, de manière générale, ces terrains se sont révélés fructueux et intéressants comme le montrent les résultats auxquels nous sommes parvenus. La présentation de ces résultats s'articule ici en trois points distincts reflétant les principaux éléments de découvertes dans le cadre de cette recherche. Dans un premier temps, l'examen du cadre juridique permet de constater que celui-ci est favorable aux droits économiques des femmes (I). Mais dans la réalité, on voit bien que celles-ci sont marginalisées et jouissent peu des droits qui leur sont reconnus (II). Cette situation est en lien avec de nombreux facteurs, qui loin d'être exclusifs, montrent les pistes qui peuvent être autant d'arguments d'explication et des jalons pour l'action (III).

Un cadre juridique et politique favorable aux droits économiques des femmes

Depuis l'indépendance du Niger en 1960, les différents dirigeants ont marqué une réelle volonté politique qui bannit toute discrimination entre la femme et l'homme. Cette volonté se manifeste non seulement à travers les différentes constitutions que le pays s'est donné au cours de ces cinquante dernières années, mais aussi dans les documents de politiques qui ont été élaborés et mises en œuvre au cours de la même période. En outre, le Niger a

---

13)Plaidoyer organisé par le Réseau pour l'Effectivité des Droits Economique des Femmes (REDEF) à l'occasion de la Journée Nationale des Femmes au Niger dans le cadre des activités du projet « effectivité des droits économiques des femmes : cas du droit à l'eau à usage agricole » ; 14)Mise en place du Réseau pour le plaidoyer sur l'effectivité des droits économiques des femmes : cas de l'eau à usage agricole.

souscrit aussi à de nombreux engagements internationaux en faveur de l'égalité entre les genres.

Une réelle volonté politique en faveur des droits de la femme

« La République du Niger assure à tous l'égalité devant la loi sans distinction d'origine, de race, de sexe, ou de religion » : c'est en ces termes que la Constitution du Niger de 1960 bannit toute discrimination entre les hommes et les femmes. Cette volonté politique s'est traduite dès 1962 par la création de l'Union des femmes du Niger (UFN). Mais celle-ci n'a eu qu'un rôle limité à la promotion des activités purement féminines. S'en suivront ensuite la ratification par le Niger en décembre 1964 de la convention sur les droits de la femme adoptée le 20 décembre 1954 par les Nations-Unies et la ratification, en 1965, de la convention internationale sur le consentement au mariage, l'âge minimum du mariage et l'enregistrement des mariages, adoptée par les Nations-Unies en décembre 1962. Ainsi, on peut considérer que dès cette période, les autorités nigériennes ont reconnu la place importante de la femme dans la production agricole, en exigeant sa participation active dans l'Animation Rurale (République du Niger, 1962).

Après le coup d'Etat militaire intervenu en 1974, les nouvelles autorités ont réaffirmé le rôle de la femme dans la vie de la Nation. En effet, dès 1975, la création de l'association des femmes du Niger (AFN) va contribuer à la promotion de l'intégration de la femme nigérienne dans les actions de développement. Cette association va favoriser la création de la direction de la promotion de la femme en 1981, du secrétariat d'Etat aux affaires sociales en 1987, chargé de la condition de féminine auprès du ministère de la santé publique, du ministère du développement social, de la population, de la promotion de la femme en 1993. Ce ministère connaîtra plusieurs appellations mais aura toujours pour objectifs la promotion de la femme et la protection de l'enfant (Alhassoumi, 2012).

Au cours des années 1990 se tiendront une série de séminaires (novembre 1990 et mars 1991) dont les réflexions vont aboutir à l'élaboration en 1996 d'une politique nationale genre (PNG), avec pour principes : le respect des droits de la femme en tant que citoyenne et actrice de la construction nationale, la non-discrimination à l'égard des femmes, l'égalité des sexes, l'égalité des chances, la protection de la mère et de l'enfant et la valorisation de leurs rôles et statut au sein de la cellule familiale.

La volonté politique s'affirmera encore plus par la création, au sein de différents ministères, de plusieurs directions et points focaux pour la promotion de la femme (Alhassoumi, 2012, p.125).

La réaffirmation de l'équité à travers la souscription aux textes internationaux

Au plan international, le Niger a souscrit à plusieurs textes internationaux en faveur de l'égalité entre les genres. On peut citer par exemple:

- La Convention sur l'Elimination de toutes les Formes de Discrimination à l'Egard des Femmes (CEDEF) en 1999 et son Protocole Facultatif en 2004. En souscrivant à cette convention, le Niger s'est, de fait, engagé à prendre les mesures nécessaires pour bannir toute forme de discrimination basée sur le sexe. « L'expression "discrimination à l'égard des femmes" vise toute distinction, exclusion ou restriction fondée sur le sexe qui a pour effet ou pour but de compromettre ou de détruire la reconnaissance, la jouissance ou l'exercice par les femmes, quel que soit leur état matrimonial, sur la base de l'égalité de l'homme et de la femme, des droits de l'homme et des libertés fondamentales dans les domaines politique, économique, social, culturel et civil ou dans tout autre domaine » (Article 1er).

79

- La Déclaration et le plan d'actions de la Conférence Internationale sur les femmes de Beijing en 1995. En participant à cette conférence et en adhérant à cette déclaration, le Niger réaffirme son plein engagement à, entre autres, « Réaliser l'égalité des droits et la dignité intrinsèque des hommes et des femmes et atteindre les autres objectifs et adhérer aux principes consacrés dans la Charte des Nations Unies, la Déclaration universelle des droits de l'homme et les autres instruments internationaux relatifs aux droits de l'homme, en particulier la Convention sur l'élimination de toutes les formes de discrimination à l'égard des femmes et la Convention relative aux droits de l'enfant ainsi que la Déclaration sur l'élimination de la violence à l'égard des femmes et la Déclaration sur le droit au développement » (Annexe I, déclaration de Beijing, p.2). Il prend également la ferme résolution à « Veiller à ce que les femmes et les petites filles jouissent pleinement de tous les droits de la personne humaine et de toutes les libertés fondamentales », [...] à « prendre des mesures efficaces contre les violations de ces droits et libertés; Prendre toutes les mesures voulues pour éliminer toutes les formes de discrimination à l'égard des femmes et des petites filles ainsi que les obstacles à l'égalité des sexes et à la promotion des femmes et du renforcement de leur pouvoir d'action » à [...] « Promouvoir l'indépendance économique des femmes, notamment par l'emploi, et éliminer le fardeau de plus en plus lourd que la pauvreté continue de faire peser sur les femmes, en s'attaquant aux causes structurelles de la pauvreté par des changements de structures économiques assurant à toutes les femmes, notamment aux rurales, l'égalité d'accès, en tant qu'agents essentiels du développement, aux ressources productives, aux possibilités de promotion et aux services publics » (Annexe I, déclaration de Beijing, p.4).

- Le Nouveau Partenariat pour le Développement de l'Afrique (NEPAD) où l'égalité entre hommes et femmes et l'habilitation de ces dernières sont considérées comme des facteurs de l'éradication de la pauvreté et du développement durable.

- Les Objectifs du Millénaire pour le Développement dont l'OMD 3 sur la promotion de l'égalité des sexes et de l'autonomisation des femmes ;

- La Politique Genre de la CEDEAO ;

Des politiques en faveur de la promotion de la femme

Au plan national, plusieurs textes ont été adoptés par le Niger. On peut citer entre autres :

- En 1996, une Politique Nationale de Promotion de la Femme (PNPF) qui prône l'intégration de l'égalité des droits et des chances entre les hommes et les femmes dans l'ensemble des plans et programmes de développement du pays ;

- La politique National Genre par le décret n° 2008-245/PRN/MPF/PE du 31 Juillet 2008, destinée à corriger, dans un esprit de complémentarité, les inégalités et iniquités de genre afin d'opérationnaliser les principes de la Constitution dont le peuple nigérien s'est souverainement doté. La politique genre a pour vision l'instauration d'une société fondée sur l'égalité et l'équité entre les genres dans tous les domaines et à tous les niveaux. Elle intègre la Politique de Promotion de la Femme pour en faire un document harmonisé qui prend en compte le nouvel environnement sociopolitique et la stratégie de lutte contre la pauvreté. Elle servira de cadre d'orientation pour tous les intervenants en matière de promotion du genre et de promotion de la femme. (République du Niger, 2008). La politique Genre repose sur quatre axes distincts :

i) la promotion équitable de la situation et de la position sociale de la femme et de l'homme au sein de la famille et dans la communauté : vise à favoriser les changements de mentalités des hommes et des femmes, les attitudes et les pratiques propices à l'égalité de reconnaissance et de traitement envers les femmes et à soutenir l'accès des femmes aux services sociaux de base ;

ii) la promotion équitable du potentiel et de la position de la femme et de l'homme au sein de l'économie du ménage et dans l'économie de marché : vise l'accroissement de la productivité, de la capacité de production des femmes et l'amélioration de leur niveau de revenu ;

iii) le renforcement de l'application effective des droits des femmes et des petites filles, de la lutte contre les violences basées sur le genre et de la participation équitable des hommes et des femmes à la gestion du pouvoir : vise à garantir l'égalité des droits à tous, hommes et femmes, garçons et filles et la pleine jouissance des droits par les femmes et les filles ;

iv) le renforcement des capacités d'intervention du cadre institutionnel de mise en œuvre de la PNG : vise la mise en place d'un dispositif performant au niveau institutionnel ainsi que l'harmonisation et la synergie des interventions dans le domaine du genre.

Le genre au centre des stratégies de réduction de la pauvreté et des politiques agricoles.

Le genre sera au centre des principaux documents de politiques nationales. On peut citer par exemple la Stratégie de développement accéléré et de réduction de la pauvreté (République du Niger, 2007) qui découle de la révision du document portant sur la Stratégie de réduction de la pauvreté

82

(République du Niger, 2002). Dans cette nouvelle stratégie, une place importante est accordé aux aspects genres car, nécessaires pour réduire les inégalités entre pauvres et non pauvres, entre hommes et femmes, entre filles et garçons, entre régions et entre milieu rural et milieu urbain. L'effectivité du genre dans toutes les interventions de la stratégie accélérée et de réduction de la pauvreté, est d'ailleurs perçue comme une condition essentielle à l'atteinte des différents objectifs de cette nouvelle stratégie.

On notera également la place importante accordée au genre dans les politiques de développement agricole mises en œuvre par le Niger, comme on peut le voir dans l'Initiative « 3N » pour la sécurité alimentaire et le développement agricole durable « les Nigériens Nourrissent les Nigériens ». Dans ses différentes dimensions, l'Initiative met un accent particulier sur les aspects liés au genre mais aussi et spécifiquement sur les groupes vulnérables que sont les femmes, les enfants et les personnes handicapées. Ses dimensions se déclinent dans les détails à travers cinq étapes distinctes :

- **la concentration :** les actions et appuis sont concentrés aux niveaux des communes, des villages agricoles et des exploitations familiales, et;

- **le ciblage :** les actions et appuis sont ciblés sur l'amélioration significative des niveaux de productivité des systèmes de productions (agricoles, animales, apicoles, piscicoles, sylvicoles) et plus particulièrement en ce qui concerne les principales productions céréalières, alimentaires de substitution, filières à haute valeur ajoutée par l'irrigation, en veillant sur d'une part, les potentialités et opportunités locales permettant d'optimiser les investissements et d'autre part, la prise en compte des groupes spécifiques comme les ménages vulnérables, les femmes, les jeunes, les personnes en situation d'handicap ;

- **la prise en compte du genre** : Il s'agit de veiller sur une implication effective des représentants/tes des femmes, des jeunes, des personnes en situation d'handicap et des autres groupes vulnérables dans les différentes instances de gouvernance et de concertation mais également leur accès aux ressources mobilisées et affectées à la mise en œuvre des interventions de l'Initiative.

- **la durabilité de la base productive**: il s`agit d'asseoir les conditions nécessaires au maintien de la qualité de la base productive à travers la promotion des pratiques durables d'utilisation des ressources naturelles et l'adaptation aux changements climatiques ;

- **la mobilisation et la responsabilisation** : il s'agit de créer les conditions favorables à l'implication effective et la participation responsable des acteurs à toutes les étapes du processus de conception et de mise en œuvre des interventions de l'Initiatives, et plus particulièrement des organisations des producteurs, de la femme et la jeunesse afin de s'assurer leur appropriation par les bénéficiaires.

Malgré l'affirmation de la promotion de la femme à travers tous ces textes et la forte volonté politique manifestée depuis l'Indépendance du Niger, le droit des femmes dans certaines activités, comme par exemple la mise en valeur des aménagements hydro-agricoles, n'est pas encore effectif.

La marginalisation des femmes dans les périmètres irrigués.

La marginalisation se manifeste à plusieurs niveaux :
- Marginalisation dans l'accès aux parcelles aménagées
- Marginalisation dans l'accès l'eau d'irrigation,
- Marginalisation dans la production
- Marginalisation dans les bénéfices générés par les exploitations.

Marginalisation dans l'accès à la parcelle aménagée

Un rapport de l'Office National des Aménagements Hydro-Agricoles (ONAHA) se rapportant à 33 aménagements hydro-agricoles permet de faire la situation, en termes de genre, sur l'occupation des parcelles dans différents sites aménagés. On en déduit que la mise en valeur des aménagements est exclusivement réservée aux hommes. Même si la situation semble avoir évolué dans le temps, le nombre de femmes exploitantes est encore insignifiant voire nul sur les périmètres. Sur ceux de la région de Niamey, de façon globale, le pourcentage de femmes présentes n'est que de 5%. Seuls deux périmètres dans cette région ont vu le nombre de femmes propriétaires de parcelles évoluer à plus de 10%. Il s'agit des périmètres de Kirkissoye (11%) et de Ndounga1 (22%). Dans la région de Tillabéri le constat est le même ; Il n'y a pas plus de 2% de femmes exploitantes. Sur l'ensemble de ces 33 périmètres, parmi les 23107 exploitants dénombrés, il n'y a que 615 femmes (tableau 1) soit 3% de l'effectif total (ONAHA, 2010).

Graphique 4 : Présence des femmes dans les périmètres ciblés

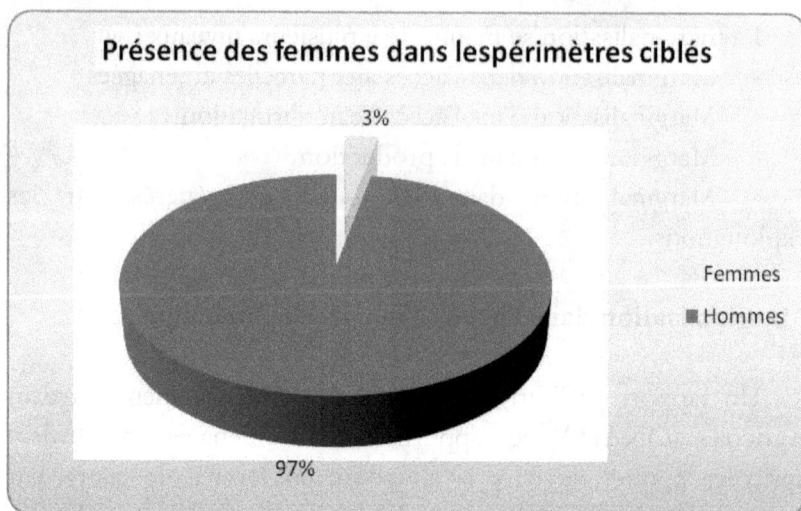

Présence des femmes dans lespérimètres ciblés

3%

97%

Femmes
■ Hommes

Tableau 3 : Le genre dans les aménagements hydro-agricoles

Service régional	AHA	Effectif total	Homme	Femme	% Femmes
	KIRKISSOYE	112	100	12	11%
	N'DOUNGA 2	1211	1179	32	3%
NIAMEY	SAGA	1512	1491	21	1%
	KARAIGOROU	426	421	5	1%
	KARMA	603	600	3	0%
	LIBORE	1450	1420	30	2%
	SAADIA AMONT	371	367	4	1%
	N'DOUNGA 1	1198	936	262	22%
	DOGUEL KAINA	NP	NP	NP	
	SEBERI	1100	997	103	9%
	KOUTOUKALE	1180	1178	2	0%
	SAY 1	626	602	24	4%
	NAMARDE GOUNGOU	777	769	8	1%
	SAADIA AVAL	55	55	0	0%
	SAY 2	377	370	7	2%

	LATA	638	621	17	3%
	N'DOUNGA GOUNGOU	225	220	5	2%
Total effectif sur Niamey		11861	11326	535	5%
	KOKOMANI	145	145	0	0%
	SONA	371	368	3	1%
	LOSSA	338	333	5	1%
TILLAB ERI	TOULA	769	756	13	2%
	FIRGOUNE	270	269	1	0%
	NAMARI GOUNGOU	1818	1806	12	1%
	DJAMBALLA	1523	1506	17	1%
	YELWANI	452	452	0	0%
	DAIBERI	702	698	4	1%
	KOURANI BARIA 2	1074	1072	2	0%
	KOURANI BARIA 2	700	697	3	0%
	DIOMONA	983	983	0	0%
	BONFEBA	934	930	4	0%
	DAIKAINA	344	343	1	0%
Total effectif sur Tillabéry		10423	10358	65	1%
GAYA	TARA	384	377	7	2%
	GAYA AMONT	439	431	8	2%
Total effectif sur Gaya		823	808	15	2%
Total Général		**23107**	**22492**	**615**	**3%**

Au cours de cette étude, la majorité des exploitant(e)s et des acteurs institutionnels qui ont été interrogés prétendent qu'il n'y a pas de problème pour acquérir une parcelle aménagée. Cependant, les femmes ont des difficultés pour y accéder. Ce constat est confirmé sur le terrain, à Toula et à Sébéri car les enquêtes n'ont pu mobiliser en majorité que des hommes. Les femmes, annoncées présentes par les responsables des coopératives, sont quasi absentes. C'est la raison qui explique que notre échantillon d'enquêtes est en majorité constitué d'hommes (93,8% d'hommes contre 6,2% de femmes à Sébéri et de 96,9% d'hommes contre 3,1% de femmes) (voir tableau 4). Les parcelles leurs appartiennent comme elles l'ont toutes affirmé. Cependant, elles se doivent d'honorer les engagements liés à l'exploitation notamment le paiement des redevances à la fin de chaque campagne culturale.

Tableau 4 : Répartitions des exploitant (es) individuel (les) enquêté-(es) selon le site et le sexe au Niger

Sites	Masculin		Féminin	
	EFF	%	EFF	%
Sébéry	210	93,8	14	6,3
Toula	221	96,9	7	3,1
Total	431	95,4	21	4,6

Marginalisation dans l'accès à l'eau d'irrigation

La maîtrise totale de l'eau est l'option adoptée dans les périmètres irrigués encadrés par l'Office National des Aménagements Hydro-Agricoles au Niger. Cette option, quelle que soit par ailleurs la position de la parcelle au sein d'un périmètre, devrait mettre à l'abri des pénuries d'eau. Cependant, elle n'est effective que si les conditions techniques de fonctionnement des infrastructures et des matériels d'irrigation, soutenues par une bonne organisation, sont réunies. En effet, le vieillissement du matériel de pompage et le mauvais état général des infrastructures sur ces périmètres engendrent des dysfonctionnements dans la distribution de l'eau privant ainsi certaines parcelles des quantités d'eau nécessaires. Sur le périmètre de Toula, ces problèmes sont moindres car le périmètre a fait l'objet de réhabilitations récentes. De plus, la gestion globale de ce périmètre est bien assurée du fait de l'encadrement soutenu dont la coopérative a bénéficié de la part de certains projets de développement. La marginalité de l'accès à l'eau d'irrigation est surtout constatée à Sébéri car les pompes ne fournissent pas les quantités d'eau suffisantes capables d'atteindre les parcelles les plus éloignées de la source d'eau. L'encadré n°1 ci-après permet de cerner, à travers les propos de quelques exploitantes, les difficultés qu'elles rencontrent en matière d'arrosage.

Encadré 2 : focus groupe : Problèmes rencontrés dans l'accès à l'eau à Sébéri

Question : l'eau est-elle mal répartie ?

Réponse exploitante : Oui, nous sommes mal servies. Mais ça dépend aussi de la position de la parcelle. En plus, il faut noter que les machines sont épuisées.

Question : Qui doit réparer ou s'occuper des machines ?

Réponse exploitante: les responsables de la coopérative font de leur mieux. La réparation des machines revient à la coopérative qui doit remonter jusqu'au niveau supérieur. C'est cher et pénible de faire les travaux liés à la riziculture. Il m'arrive de le faire, mais j'ai été piquée par les sangsues.

Question : a- tu été confrontée une fois aux problèmes d'eau ?

Réponse Exploitante : Oui. Mais ça dépend des périodes. J'embauche un homme qui arrose ma parcelle.

Question: où se trouve ta parcelle ? Les gens de Sekoukou quels sont les problèmes que vous rencontrez ?

Réponse Exploitante : à N'Dounga, c'est vraiment le problème d'eau qui nous met en retard, à cause de la distance par rapport au pompage ; ça m'arrive de faire un mois sur le site.

Question : comment t'appelles tu? Combien de parcelles possèdes-tu?

Réponse Exploitante : je m'appelle Damsi Dari. J'ai une seule parcelle.

Question : Quels sont vos problèmes relatifs à l'eau ? Êtes-vous proche de la source ?

Exploitante : le manque d'eau nous cause énormément des problèmes. Du labour jusqu'à la récolte, nous rencontrons beaucoup de problèmes, bien que nous soyons relativement proche de la source d'eau.

Question: Ce problème d'eau est-il d'ordre général ou spécifique aux femmes ? Est-ce que les parcelles voisines des hommes ont les mêmes problèmes ?

Réponse Exploitante : c'est le même problème et le même traitement. La question se pose en termes de position de la parcelle et de surveillance du tour d'eau. Les hommes veillent sur leurs parcelles tandis qu'il n'est pas facile pour la femme de passer la nuit sur le site avec un bébé. C'est d'ailleurs pourquoi j'embauche un homme pour pouvoir arroser ma parcelle au moment opportun, parce qu'en cas d'absence, personne ne fera ce travail à votre place.

Question : mais pourquoi vous n'embauchez pas la main d'œuvre ?

Réponse Exploitante : embaucher ?! On ne pourra pas supporter toutes les charges ; et là on finira par un rendement décroissant alors.

Question : pourquoi dormir sur le site pour arroser ?

Réponse Exploitante : C'est depuis la répartition la distance diffère entre la parcelle et la source d'eau. Elle varie d'un endroit à un autre.

Question : Est-ce donc une obligation de dormir sur le site ?

Réponse Exploitante : tu es obligée de dormir pour la bonne exploitation de ta parcelle parce qu'en cas d'absence on te saute carrément le tour d'eau.

Question : pourtant c'était conçu pour un arrosage équitable sur l'ensemble du site, n'est-ce pas ?

Réponse Exploitante : à ton absence ton voisin, même ton voisin le plus proche est capable de détourner ton tour d'eau et sans aucun remord. Rien à voir avec l'Islam.

Réponse Exploitante : ce que vous venez de dire n'existe que sur ce site. Mais peut être qu'ailleurs, les exploitants sont mieux organisés. A Tillabéri par exemple les voisins peuvent s'occuper de l'arrosage des uns et des autres en cas d'absence. Mais la répartition de l'eau n'est pas toujours équitable.

Question : pourquoi ça n'existe pas ici ?

Réponse Exploitante : ça dépend du dynamisme du responsable.

Question : Comment remédier à ce problème d'eau ?

Réponse Exploitante : ça dépend de la compétence des responsables de la coopérative et de leur organisation. J'ai fait un tour à Tillabéri. En tout cas là-bas ils sont mieux organisés. C'est aux responsables de s'assumer et de maintenir l'ordre surtout en cette période de décrue où l'eau est rare........ ?

D'après ces propos, le problème lié à l'accès à l'eau en quantité suffisante se pose à une bonne majorité des exploitants de Sébéri (50% de notre échantillon). Cependant, il est beaucoup plus ressenti par les femmes car certaines d'entre elles sont très éloignées de la source d'eau. Les solutions adoptées pour atténuer la contrainte les marginalisent à cause des difficultés qu'elles rencontrent pour s'y adapter. Il s'agit, en effet, d'irriguer la nuit et de surveiller les tours d'eau. Or, les contextes socioculturels locaux, et les risques encourus, ne permettent pas à une femme de se rendre en pleine nuit dans un périmètre. Pour garantir une alimentation en eau adéquate pour leur culture, il faudra qu'elle dispose de ressources financières conséquentes pour pouvoir embaucher une main d'œuvre salariée. Sinon, le tour d'eau est perdu et très souvent il est « volé ». Dans les périmètres irrigués, les femmes semblent dire que la solidarité ne joue pas quand il s'agit d'arrosage.

Marginalité dans la production

Les difficultés liées à l'exploitation des parcelles aménagées sont des problèmes généraux sur ces deux sites investigués. Selon les différents acteurs, ces difficultés ne seraient pas spécifiques au genre. Cependant, 89% des hommes et 79% des femmes à Sébéri et 98% des hommes et 86% des femmes à Toula affirment que les femmes rencontrent des problèmes pour mobiliser la main d'œuvre salariée et à superviser les différentes tâches qui sont effectuées dans les parcelles.

Les difficultés pour les femmes à mobiliser les moyens qu'exigent l'exploitation des parcelles, au regard des tâches à remplir (labour, hersage, planage, repiquage, désherbages, arrosage, surveillance contre les oiseaux, récoltes, battage, vannage, mise en sac), peuvent être considérées comme source de marginalité. En dehors du vannage, elles font surtout recours à la main d'œuvre salariée pour l'ensemble des travaux. C'est la raison pour laquelle la majorité des exploitants (71,9% des hommes et 81,0% des femmes) reconnaissent que les activités sont différemment menées selon le sexe. Les problèmes liés à la production notamment le coût élevé et l'insuffisance des intrants, le faible équipement à Sébéri, l'insuffisance et le coût élevé de la main d'œuvre à Toula, la mauvaise organisation du travail à Sébéri et à Toula, sont différemment résolus selon le genre et se répercutent sur les niveaux de production, les coûts de production et donc les bénéfices.

Marginalisation dans les bénéfices générés par les exploitations

D'après les réponses données par les producteurs, l'exploitation d'une parcelle aménagée peut procurer des bénéfices plus ou moins substantiels si l'ensemble des conditions garantissant de bons rendements sont réunies. Mais, à ce niveau et comme nous l'avons vu ci-dessus, il y a des différences entre les hommes et les femmes dans la prise en charge des activités et des contraintes spécifiques. On doit noter que les hommes ont la possibilité de mener par eux-mêmes les différentes activités, ce qui leur permet de réduire considérablement les coûts de production. Au contraire des hommes, les femmes sont obligées de faire recours à la main d'œuvre salariée pour l'ensemble des travaux. De plus, elles n'ont pas la possibilité de superviser la qualité du travail car ne pouvant pas descendre dans les parcelles. Dans l'accès équitable à l'eau d'irrigation il a été noté les difficultés qu'elles rencontrent à Sébéri quand l'irrigation est faite la nuit. Il y a également les problèmes dans l'acquisition des intrants agricoles lorsqu'ils ne sont pas fournis par les coopératives comme c'est le cas à Sébéri. Ces multiples contraintes que les femmes rencontrent dans l'exploitation de leurs parcelles rendent marginaux les bénéficies qu'elles tirent. En effet, le bénéfice étant la différence entre le produit et les charges, celui des femmes sera plus faible car le produit est plus faible et les charges plus élevées à cause de l'utilisation quasi systématique d'une main d'œuvre salariée.

Les facteurs explicatifs de la marginalisation des femmes

Plusieurs facteurs permettent d'expliquer la faible représentation des femmes dans les aménagements hydro-agricoles ou le peu d'intérêt qu'elles accordent vis-à-vis de la parcelle aménagée. Parmi ces facteurs, on peut citer les textes qui régissent l'accès et la mise en valeur des aménagements hydro-agricoles, les règles pratiques de réattribution des parcelles, les traditions locales, et la pénibilité liée à la culture du riz.

Les textes légaux non explicites et en déphasage

Le Niger dispose de plusieurs textes qui accompagnent la réalisation des aménagements hydro-agricoles. On peut noter la loi 60-28 du 25 mai 1960 fixant les modalités de mise en valeur et de gestion des aménagements hydro-agricoles réalisés par la puissance publique (Journal officiel de la République du Niger, 1960), la loi 61-37 du 24 novembre 1961 réglementant l'expropriation pour cause d'utilité publique et l'occupation temporaire (Journal Officiel spécial 1 de la République du Niger, 1962), le Décret n° 65-149 MER/cgd du 1er octobre 1969 portant application de la loi 60-28 du 25 mai 1960 fixant les modalités de mise en valeur et de gestion des aménagements agricoles réalisés par la puissance publique (Journal officiel de la République du Niger, 1969). Ces principaux textes définissent les modalités de mise en valeur des aménagements hydro-agricoles notamment les conditions d'accès aux terres aménagées, les modalités de mise en valeur et de gestion des aménagements. Ils définissent également les responsabilités des acteurs qui interviennent dans la mise en valeur en général.

Sur un autre plan plus global, le Niger a adopté le 2 mars 1993 l'Ordonnance 93-015 qui détermine "les principes d'orientation du code rural". Cette ordonnance définit en ses articles 5, 8, 45 et 49, les différents modes de régulations et d'usages par rapport à la terre:

- Article 5 : « les droits qui s'exercent sur les ressources naturelles bénéficient d'une égale protection, qu'il résulte de la coutume ou du droit écrit » ;
- Article 8 : « La propriété du sol s'acquiert par la coutume ou par les moyens du droit écrit ».

94

- Article 45. - Toute opération de valorisation des terres par rapport de la ressource hydraulique, quelle que soit la technique employée, constitue un aménagement hydro-agricole. Cet aménagement peut être réalisé par des personnes privées ou publiques. En principe les terres aménagées sont placées sous le régime de la propriété privée.
- Article 49. - Une loi déterminera les modalités d'accès aux terres aménagées par la puissance publique.

Concernant la ressource en eau, le régime de l'eau est déterminé par l'Ordonnance 2010-09 du 1er avril 2010 « qui détermine les modalités de gestion des ressources en eau sur toute l'étendue du territoire de la République du Niger ». En outre, cette ordonnance « précise les conditions relatives à l'organisation de l'approvisionnement en eau des populations et du cheptel, d'une part, et celles relatives aux aménagements hydro-agricoles, d'autre part »[12].

Il faut préciser que dans l'accès aux parcelles aménagées, si la loi 60-28 du 25 mai 1960 et le Décret n°65-149 MER/CGD du 19 octobre 1969 d'application de cette loi précise les modalités d'accès aux parcelles aménagées, ces deux textes, ne font pas cas expressément, du droit des femmes à l'accès aux parcelles aménagées. Le Décret n°65-149 MER/CGD du 19 octobre 1969 stipule seulement que l'accès à la parcelle aménagée se fait par demande auprès de l'organisme de gestion avec priorité accordée aux propriétaires des droits coutumiers. Les commissions de mise en valeur des terres, établies par décret préfectoral et présidées par le sous-préfet ou le maire, qui sont chargées de la distribution des parcelles, mettent en avant les capacités de travail des agriculteurs, en fonction du nombre d'actifs agricoles, pour décider de la superficie totale à attribuer à une famille. Parmi les critères d'attribution il y a également celui d'être agriculteur, parce que

---

[12] Ordonnance 2010-09 du 1er avril 2010 portant code de l'eau au Niger.

l'aménagement est destiné au paysannat et l'exploitation doit être assurée surtout par une main d'œuvre familiale. Parmi les différents critères, le plus discriminant, et qu'aucun texte n'évoque, est sans doute celui qui privilégie les chefs de ménages. La famille est supposée être à la charge d'un chef de ménage, et donc d'un homme, ce critère marginalise les femmes dans l'attribution des parcelles aménagées.

Ainsi, malgré l'adhésion du Niger, en 1999, à la Convention sur l'Elimination de toutes les Formes de Discrimination à l'Egard des Femmes (CEDEF), l'accès aux parcelles aménagées par les femmes reste encore très limité. Au-delà des périmètres aménagés, on constate que la femme ne contrôle pas les ressources liées à l'agriculture bien qu'elle joue un rôle important dans l'activité agricole (République du Niger, 2008). En effet, le principal mode d'accès à la terre étant l'héritage, les hommes s'appuient sur les dispositions coutumières pour les déshériter nonobstant les textes juridiques existants et même les prescriptions de l'islam qui reconnaissent à la femme son droit à l'héritage.

Les règles non formelles de réattribution des parcelles

Les réattributions des parcelles interviennent lorsque les parcelles sont retirées auprès des exploitants qui ne payent pas les redevances. La procédure formelle consiste à adresser une demande auprès de la structure de gestion du périmètre, c'est-à-dire auprès de la coopérative. Avec le temps, les responsables des coopératives ont mis en place d'autres règles d'attribution de la parcelle aménagée. Ces règles sont nombreuses et multiformes. Elles sont non formelles vis-à-vis des textes mais formalisées au niveau local. Dans certains cas, elles permettent aux coopératives de recouvrer les redevances dues, et dans d'autres cas elles permettent de prévenir les conflits après le décès des chefs de famille. Parmi ces nouveaux modes d'accès aux parcelles aménagées, on note le paiement, par le demandeur des redevances dues, l'héritage, l'achat, l'emprunt et la location. Formellement non autorisées, l'achat et l'héritage ont cependant permis aux femmes d'acquérir des parcelles sur les périmètres de Toula et de Sébéri. Ces modes d'accès sont parfois accompagnés de conflits comme à Sébéri où l'héritage de parcelles pose problème pendant le partage. Il y a aussi des conflits de cession de parcelle, le non-paiement des frais de location, le refus de donner des parcelles aux femmes, l'iniquité pendant la distribution des parcelles. A Toula, parmi les problèmes relevés par les différents acteurs, figure, en premier lieu, l'iniquité dans le partage des parcelles. Viennent ensuite le coût élevé des parcelles en vente et le refus de donner des parcelles aux femmes. L'encadré n°2 suivant relate les modes d'accès des parcelles vécus par les exploitant (e)s à Sébéri.

Encadré 3 : Focus groupe: mode d'acquisition des parcelles à Sébéri

> **Question : De combien de parcelles disposez-vous ? Les avez-vous achetées ? Est - ce un gage ou les avez-vous héritées? Quels sont les problèmes que vous rencontrez dans leur exploitation ?**
>
> **Réponse Exploitante :** J'ai une parcelle que j'ai héritée de mon mari décédé. Je note que l'exploitation de cette parcelle est mieux adaptée à l'homme qu'à la femme. Les travaux sont difficiles du labour jusqu' à la récolte. Selon l'activité, les dépenses vont, de 7500f à 15 000f selon les saisons. J'utilise des gens pour arroser. Il faut noter que les hommes veillent sur les parcelles la nuit, pour pouvoir arroser. Ceci est difficile pour les femmes. Les femmes font le vannage et se font payer en sac de riz (un sac). On utilise au minimum deux sacs l'engrais à 15 000 f l'unité par saison, un noir et un blanc.
>
> **Question :** Pouvez-vous hériter des parcelles chez vous en tant que femmes ? Est-ce que la femme a le droit d'hériter la parcelle ?
>
> **Réponse Exploitante :** Je loue une parcelle. Chez certains polygames par exemple, le mari partage ses parcelles avant sa mort et ordonne de ne jamais vendre. Le partage se fait par groupe d'enfants, jamais individuellement. Si le partage s'avère inéquitable, on vend la ou les parcelles et on partage l'argent aux héritiers.
>
> **Question:** comment l'achat se fait t-il ?
>
> **Réponse Exploitante:** Tu en veux ? amène ton argent je vais t'en trouver tout de suite ! au fait une personne peut vendre sa parcelle en cas de problème.
>
> **Ami Question :** Est-ce qu'un exploitant peut directement contacter le président de la coopérative pour vendre une parcelle ?

Réponse Exploitante: Tu contactes d'abord le délégué de ton groupement. C'est à lui de diffuser l'information.

Réponse Exploitante : Normalement il ne se pose pas de problème si la personne a déjà engagé la procédure. Elle s'adresse à un membre qui, de son côté, entame la procédure normale.

Réponse Exploitante : Non, on contacte d'abord le membre on lance l'avis de vente après l'avoir signalé à la coopérative. C'est à elle que reviennent les procédures administratives.

Réponse Exploitant : Avant on ne vendait pas et on ne mettait pas non plus en gage les parcelles. Même si on le faisait, c'était dans la plus haute discrétion. A présent les gens ont compris que les parcelles constituent une richesse. Dans le partage des parcelles la femme est vraiment marginalisée. Elle n'est pas du tout considérée.

Question : Au tout début de la répartition des parcelles, les femmes ont-elles été considérées par le partage des parcelles?

Réponse Exploitant : Non ! Sauf les veuves.

Question : Comment avez-vous acquis vos parcelles ?
Réponse Exploitante : J'ai hérité l'une avec mon papa. J'ai acheté les deux autres.

Reconnus[13] comme illégaux par les exploitant(e)s, la vente et l'héritage des parcelles sont devenus des pratiques courantes sur le périmètre de Sébéri. Les propos ci-dessus reflètent la formalisation de l'informel par les responsables de la coopérative. Ils interviennent non seulement dans l'intermédiation mais aussi dans

---

[13] En effet, dans le contrat d'exploitation qui lie la coopérative et l'exploitant, l'exploitant s'engage « à ne pas céder ou louer sa parcelle ni même la prêter à titre gratuit » (article 1 alinéa 1).

la formalisation administrative après la vente. On notera aussi la ségrégation entre groupe d'enfants pendant le partage lorsque le chef de ménage est polygame, les difficultés que les femmes rencontrent dans l'exploitation d'une parcelle irriguée et la marginalisation dont elles peuvent faire l'objet pendant le partage.

Une tradition sexiste en faveur des hommes

La faible présence des femmes dans notre échantillon et dans les aménagements hydro-agricoles à vocation rizicole est liée au fait que l'exploitation d'une parcelle rizicole par une femme n'est pas acceptable par ces sociétés. La société considère la culture du riz comme pénible et donc inadaptée pour une femme. Et le refus de voir une femme travailler dans une parcelle de riz est une tradition que les hommes remettraient en cause difficilement.

La culture de riz est considérée comme une activité exclusivement masculine telle qu'on peut le noter dans les propos contenus dans l'encadré 4.

Encadré 1 : Focus groupe: la femme et l'accès à la parcelle rizicole (site de Toula)

Réponse Exploitant : Les femmes sont bien riches. En plus, elles n'ont pas assez de charges, elles s'occupent plutôt des enfants. C'est vrai que les femmes remboursent bien les redevances. Elles sont plus sincères mais seulement elles ne peuvent pas être effectives sur le site parce qu'elles ne sont pas censées faire certains travaux pénibles.

Réponse Exploitant : Il n'y pas de problème d'eau sur le site de Toula. Chez nous la femme ne s'adonne jamais aux travaux champêtres ; ça fait parti de notre éducation. Nous ne laissons pas nos femmes, nos sœurs travailler dans des conditions difficiles.

Question : Est-ce parce que vous aimez vos femmes ou c'est par égoïsme?
Réponse Exploitant : c'est juste par amour et respect !

Question : Revenons à l'héritage ! Est-ce que toutes les femmes en ont droit ?
Réponse Exploitant : bien sûr que oui, elles en ont toutes droit

Question: La femme a-t-elle droit à l'héritage par rapport aux partages des champs ?
Réponse Exploitant : pas sur le site, mais les champs de mil, de sorgho de maïs…

Question : Mais pourquoi pas sur le site ?
Réponse Exploitant : elles ont même honte de réclamer une parcelle.

Question : Et pourquoi avoir honte alors qu'elle accepte les autres champs? Le champ n'est-il pas plus grand que la parcelle?
Réponse Exploitant : Si on a des sœurs de mères différentes c'est là où le problème se pose. Elles, par contre, peuvent réclamer leur part.

Mais s'il n'y a aucun problème, la parcelle revient aux garçons. Les sœurs n'osent pas réclamer.

Question : Pourquoi n'osent- elles pas réclamer? Il doit y avoir des raisons pour lesquelles elles ne réclament pas leurs parts d'héritage quand il s'agit de la parcelle aménagée.

Réponse Exploitant : du Zarmaganda jusqu'à la région Sonrai, les femmes ne s'adonnent pas aux travaux champêtres. C'est tout récemment qu'on les a initiées au maraîchage et qu'on leur a confié quelques parcelles.

Question: Comment a-t-on procédé au partage des parcelles maraîchères?

Réponse Exploitant : Comme ça se doit ; le long du canal on a morcelé des terres en différentes parcelles qu'on a attribuées aux femmes.

Question : C'est seulement aux femmes qu'on a en attribué ? Ou bien les hommes s'en sont accaparés aussi ?

Réponse Exploitant : C'est seulement aux femmes que ça appartient ; aucun homme n'a eu droit.

Question : Comment arrosent-elles ?

Réponse Exploitant : Par le biais du canal aussi.

Question: Elles payent la redevance ?

Réponse Exploitant : Non ! Elles ne payent pas de redevances

Question : Sèment-elles du riz aussi ?

Réponse Exploitant : Non, elles ne produisent que des cultures maraîchères. Actuellement elles sont sur leurs parcelles en train de travailler et elles s'en sortent bien.

Question : j'espère qu'elles ne sont pas dérangées ?

Réponse Exploitant : oh non ! Elles n'ont aucune charge vis-à-vis de cette exploitation. Vous savez le fait de ne pas laisser les femmes

102

travailler est juste une question d'éducation. C'est une tradition qu'on a trouvée. Nos mamans étaient prises en charge à 100 pour 100.

Question : les temps n'ont-ils pas changé maintenant ?

Réponse Exploitant : nos mamans avaient tout à leur disposition.

Question : Les femmes ne se battent-elles pas maintenant pour trouver des parcelles ? Si une orpheline, ayant droit, se présente et exprime son désir d'avoir une parcelle est ce qu'elle sera servie ?

Réponse Exploitant : Bien sûr que si. Mais elle ne le fera pas. Regarde, ce monsieur a trois parcelles qu'il a héritées de leur père. Ses sœurs n'ont jamais réclamé.

Question: Ou bien a-t-il a tout monopolisé?

Question : Vous avez aussi dit qu'elle n'a pas droit surtout si elle a un mari. Pourquoi?

Réponse Exploitant : Même si elles ne sont pas mariées aussi.

Question: pourquoi les femmes ne viennent-elles pas alors ?

Réponse Exploitant : C'est juste une question d'incompréhension

Les propos ci-dessus reflètent l'idée que se font certains exploitants du périmètre de Toula du rôle que la femme doit jouer au sein de la famille. Elle serait destinée aux activités moins difficiles, comme, par exemple, le maraîchage. Les autorités administratives locales et les agents de développement semblent d'ailleurs avoir le même point de vue. La seule alternative qu'ils ont trouvées pour les femmes c'est de leur aménager des petits lopins de terre le long des canaux d'irrigation afin qu'elle puisse produire des légumes. Elles seront même exemptées du paiement de la redevance du moment où leur mari prennent l'eau en charge sur le périmètre. Quant à la culture de riz, les femmes ne peuvent pas là pratiquer à cause de la pénibilité des différentes tâches. De ce fait, elles sont très souvent exclues de l'héritage lorsqu'il s'agit d'une parcelle aménagée. Elles semblent d'ailleurs ne pas réclamer

103

leurs parts lors du partage. A quoi cette portion de parcelle servirait-elle à la femme du moment où elle est censée être prise en charge à 100% par les hommes ? Cependant, ce qui semble paradoxale, c'est qu'on ne lui refuse pas l'exploitation des autres champs dont la mise en valeur ne dépend que des pluies.

Une pénibilité peu encourageante des travaux de culture du riz

La pénibilité des travaux liée à la riziculture est très souvent avancée comme argument pour éviter que les femmes mettent directement en valeur des parcelles de riz. Cette attitude est condamnable car les investissements publics doivent servir à tout le monde. Il faut cependant reconnaître que dans la riziculture avec maîtrise totale de l'eau, toutes les tâches sont contraignantes. La culture est physiquement éprouvante et les conditions d'exploitation souvent dangereuses pour la santé. Les séquences ci-après montrent bien les conditions difficiles de travail dans le cadre de la production du riz sur les aménagements hydro-agricoles.

Le labour : c'est une activité réservée aux hommes. Il s'agit en effet de maîtriser la technique du labour : savoir conduire les bœufs pesant plusieurs centaines de kilogrammes, manipuler la charrue et garder son équilibre dans la parcelle très souvent remplie d'eau.

Le repiquage des plants de riz : il se fait dans un laps de temps très cours. Il faut se courber, les pieds dans la boue. On ne finit pas avec des douleurs au dos et à l'échine sans oublier les piqûres de sangsues dont on s'accommode difficilement.

Les deux ou trois désherbages : Le désherbage se fait dans l'eau boueuse. Plusieurs attitudes sont adoptées pendant l'opération : courbé, accroupi ou même assis dans l'eau. Les mauvaises herbes sont arrachées à la main. On profite pour malaxer la boue ; il paraît que ça fait du bien aux plants de riz.

Mais il faut retenir que l'eau de la parcelle contient des épines, des sangsues et autres escargots vecteurs de bilharzioses. L'environnement des parcelles est aussi infesté de moustiques et parfois aussi de serpents.

Les apports d'engrais : Ces opérations plus faciles ne prennent que quelques heures. Mais, on a les pieds toujours dans l'eau. Les exploitants ne portent pas les bottes car elles les gênent lors de leurs déplacements dans la parcelle boueuse.

La surveillance des cultures contre les oiseaux : Ce sont les enfants qui s'en occupent. Mais là aussi, il faut pouvoir les mobiliser. A défaut, il faut le faire soi-même ; se lever très tôt pour arriver dans la parcelle avant les oiseaux et rester tard jusqu'à leur départ. On passe des journées à crier dans le vent et à jeter des pierres.

La récolte : elle se fait à la faucille, courbé pendant toute la durée. Lorsque les consignes techniques sont respectées, la parcelle est asséchée et dans ce cas les pieds ne seront pas dans l'eau pendant la récolte.

Le battage, le vannage et le conditionnement : ces opérations marquent la fin des activités dans les parcelles rizicoles. Même avec des batteuses mécaniques à pédale, le battage du riz n'est pas moins pénible. Il faut avoir la force dans les jambes et le souffle pour tenir pendant une journée de travail.

Le respect de ces différentes séquences est très important pour optimiser les productions. Leur réalisation occupe toute l'année, nécessite l'emploi d'une main d'œuvre suffisante et disponible et d'assez de moyens financiers pour embaucher et payer la main d'œuvre salariée. Lorsque le propriétaire de la parcelle n'est pas en mesure de réunir ces moyens, il risque d'être contraint d'en abandonner l'exploitation au bout de quelques mois.

Conclusion

Au terme de l'étude sur l'effectivité des droits économiques des femmes au Sahel : cas du droit à l'eau à usage agricole en Mauritanie, au Niger, et au Sénégal qui a porté sur les périmètres irrigués encadrés par l'ONAHA, on peut retenir plusieurs enseignements :

- Il est clairement ressorti que les femmes sont marginalisées dans l'accès à l'eau à usage agricole dans les périmètres irrigués à vocation rizicole. Il faut retenir que la question de l'eau a fortement à voir avec les questions foncières. Et, les textes de référence qui régissent la mise en valeur et la gestion des périmètres irrigués et les critères qui ont prévalu pendant la distribution des parcelles, n'ont pas pris en compte tout l'aspect lié au genre. Ces textes datent des années 1960 où la problématique genre n'était pas au centre des préoccupations.

- On constate, il est vrai, des mutations sensibles liées notamment à l'adhésion du Niger à plusieurs conventions internationales qui éliminent toute discrimination dans l'accès à l'eau à usage agricole entre l'homme et la femme. Cette transformation du cadre juridique qui oriente les actions de l'Etat vers plus d'équité et d'égalité n'a pas entraîné une redistribution des terres à usage agricole dans les aménagements. Les inégalités se sont parfois accentuées, comme le montre le résultat des enquêtes qui ont été réalisées au Niger, à Sébéri et Toula. Il y a visiblement là une raison liée à l'histoire qui reste toujours faiblement prise en charge par les pouvoirs publics. Il y a visiblement des facteurs liés au contexte socioculturel et à son enracinement dans l'histoire qui ne sont pas suffisamment pris en compte par les pouvoirs publics.

- On observe, de manière générale, que les traditions historiques en matière foncière marginalisent les femmes et entravent les actions qui visent à l'effectivité des droits à l'accès aux parcelles aménagées et donc à l'eau agricole par les femmes sous le prétexte que la riziculture dans les aménagements serait pénible. L'homme a donc une situation prééminente dans les périmètres rizicoles.

- Il est ressorti de ce travail que l'accès à l'eau à usage agricole reste, malgré tout, fortement lié à la terre. Cette logique structurelle pose un double défi : le premier est en lien avec les critères d'attribution des parcelles qui sont discriminatoires et qui privilégie une vision patriarcale de la société nigérienne, où le chef de famille est toujours symbolisé par l'homme. Les femmes sont ainsi écartées de ce statut auquel elles n'accèdent que très rarement dans le contexte étudié ; Le deuxième défi est lié à l'amélioration des conditions (techniques, organisationnelles et financières) nécessaires pour la mise en valeur des parcelles aménagées.

Ces différentes sujets, pour pertinents qu'ils soient peuvent constituer des pistes de travail pour le tout nouveau Réseau pour l'Effectivité des Droits Economiques des Femmes au sahel (REDEF) qui a déjà commencé son plaidoyer à l'endroit des structures administratives en charge de la promotion de la femme. Sur la base des constats établis à partir des résultats de la recherche, il s'agit pour ce réseau de cibler, dans un plaidoyer productif, les décideurs politiques, les partenaires extérieurs et les ONG disposées à partager, avec lui, une démarche d'action, orientée vers la transformations des situations de marginalisation pour les femmes telle que révélée par cette recherche. Mais cela peut être un point de départ susceptible d'enclencher des processus de changement dans les zones rurales où l'accès des femmes à l'eau à usage agricole pose de réels défis de société.

Bibliographie

Alhassoumi H. (2012) *Innovations, dynamiques et mutations sociales : les femmes productrices de sésame de la Sirba (Ouest du Niger) et leurs initiatives collectives*, Doctorat en Etudes Rurales et Sciences du Développement, Universités de Toulouse le Mirail et Abdou Moumouni de Niamey, 309 p

Nations Unies. (1979) *Convention sur l'élimination de toutes les formes de discrimination à l'égard des femmes*, New-York, Assemblée Générale des Nations Unies, 12p.

Nations Unies (2002) *Rapport du Sommet mondial pour le développement durable, Johannesburg (Afrique du Sud) 26 Août-4 septembre 2002*, New-York, Nations Unies, 189p.

ONAHA. (2010) *Activités de suivi et évaluation de la production 2009*, Niamey, ONAHA, 63p.

RADI. (2009) *Projet de recherche-action, Effectivité des droits économiques des femmes au Sahel : Cas du droit à l'eau à usage agricole en Mauritanie, au Niger, et au Sénégal*, Dakar, RADI, 32p.

République du Niger. (2012) *l'Initiative « 3N » pour la sécurité alimentaire et le développement agricole durable « les Nigériens Nourrissent les Nigériens »*, Niamey, Haut-Commissariat à l'Initiative 3N, 69p.

République du Niger. (2007), *Stratégie de développement accéléré et de réduction de la pauvreté (2008 – 2012)*, Niamey, Cabinet du premier ministre, 133p.

République du Niger. (2002) *Stratégie de réduction de la pauvreté*, Niamey, Cabinet du premier ministre, 125p.

République du Niger. (2008) *Politique nationale genre*, Niamey, Ministère de la promotion de la femme et de la protection de l'enfant, 52p.

Documents Officiels

Loi 60-28 du 25 mai 1960 fixant les modalités de mise en valeur et de gestion des aménagements agricoles réalisés par la puissance publique, Journal officiel de la République du Niger, 1960, pp 370-373.

Loi 61-37 du 24 novembre 1961 réglementant l'expropriation pour cause d'utilité publique et l'occupation temporaire, Journal Officiel spécial 1 de la République du Niger, 1er janvier 1962, p 5.

Décret n° 65-149 MER/cgd du 1er octobre 1969 portant application de la loi 60-28 du 25 mai 1960 fixant les modalités de mise en valeur et de gestion des aménagements agricoles réalisés par la puissance publique, Journal officiel de la République du Niger, 1969, pp 777-781.

Ordonnance n°96-067 du 9 novembre 1996 portant régime des coopératives rurales, Journal officiel de la République du Niger, 1er janvier 1997, pp 4-6.

Ordonnance 93-015 du 2 mars 1993 fixant les principes d'orientation du Code rural, Journal officiel de la République du Niger.

Ordonnance 2010-09 du 1er avril 2010 « qui détermine les modalités de gestion des ressources en eau sur toute l'étendue du territoire de la République du Niger »

Décret n° 96-430/PRN/MAG/EL du 9 novembre 1996 portant application de l'ordonnance n°96-067 du 9 novembre 1996 portant régime des coopératives rurales, Journal officiel de la République du Niger, 1er janvier 1997, pp 10-12.

Chapitre 4: Sénégal

Accès Des Femmes A L'eau A Usage Agricole : *Des Initiatives Encore Balbutiantes*

Par Rosnert Ludovic Alissoutin et Rokhaya Gaye[14]

Introduction

Si l'égalité entre les sexes est un droit humain, l'autonomisation des femmes est un préalable au développement. En effet, en ouvrant aux femmes un accès équitable aux ressources, on atténue leur dépendance économique et on les positionne comme productrices et actrices dynamiques du développement local. La discrimination sexuelle gaspille le capital humain en utilisant de manière inefficace les capacités individuelles, ce qui limite la contribution des femmes et sape l'efficacité des politiques de développement dont les hommes et les femmes sont acteurs (actrices) et bénéficiaires.

La communauté internationale à travers des résolutions, recommandations et conventions met de plus en plus l'accent sur le principe de non-discrimination sexuelle et l'accès équitable des femmes aux ressources compte tenu du rôle primordial qu'elles jouent dans la sécurité alimentaire. Le Sahel est l'une des parties du monde où se pose avec plus d'acuité la problématique de l'accès aux ressources naturelles compte tenu de la péjoration climatique et de la rareté des ressources, sources de compétition et de discrimination. Il y'a donc un intérêt particulier à comprendre les mécanismes par lesquels les différents groupes sociaux accèdent à la rare eau disponible. Si des études et recherches sont menées sur le rôle et la place des femmes dans la gestion de l'eau, notamment dans un contexte décentralisé, ces études se limitent

---

[14] Réseau Africain pour le Développement Intégré.

111

en général dans l'analyse du rôle reproductif de ces femmes en rapport avec cette denrée avec une emphase sur la pénibilité de la corvée d'eau à usage domestique. Or, il est établi que les femmes sahéliennes sont des actrices agricoles dynamiques, notamment dans un contexte de migration masculine structurelle, qui caractérise les zones rurales sahéliennes. Ainsi malgré l'importance de la place et de la contribution des femmes dans les systèmes de production agricole, très peu de recherches sont menées relativement à leur rôle productif notamment dans l'agriculture irriguée.

Dès lors, la question de l'accès équitable des femmes aux moyens de production de richesse devient centrale dans les politiques de lutte contre la pauvreté.

Le projet de recherche – action sur » l'effectivité des droits économiques des femmes, cas de l'accès à l'eau à usage agricole » prend en charge cette question cruciale de l'accès équitable aux ressources, en s'appuyant sur quatre objectifs intermédiaires:

-   étudier/analyser dans une perspective comparative et de justice sociale économique et de genre, dans un contexte de crise alimentaire, l'effectivité de l'accès à l'eau dans les aménagements hydro-agricoles pour les femmes sahéliennes de Mauritanie, du Niger et du Sénégal ;
-   identifier et proposer des stratégies idoines visant à une meilleure promotion et protection des droits des femmes à l'eau à usage agricole ;
-   produire des outils de plaidoyer pour l'effectivité des droits et de la citoyenneté des femmes notamment pour l'accès à l'eau à des fins productives ;
-   renforcer les capacités des organisations de femmes et de défense des droits des femmes pour une effectivité des droits économiques des femmes agricultrices, notamment le droit à l'eau.

Le projet comporte donc deux grandes étapes : la recherche pour identifier et analyser les contraintes à l'accès des femmes à l'eau à usage agricole et le plaidoyer s'appuyant sur les résultats de la recherche pour inverser les tendances et promouvoir une place équitable des femmes dans l'accès, l'exploitation et le contrôle des ressources productives, en particulier l'eau à usage agricole.

Deux axes ont été choisis comme sites de recherche : l'axe Kirène – Djilakh et l'axe Boundoum Souloul.

Photo 5 : Enquêtrice à l'œuvre à Boundoum

Kirène et Djilakh sont deux villages situés dans le Département de Mbour, à l'ouest du Sénégal. Il s'agit de villages dotés de fermes dans le cadre du plan Retour Vers l'Agriculture (REVA). Ces fermes sont alimentées en eau par le procédé du goutte-à-goutte. Cette technique est certes originale et adaptée au contexte d'aridité, mais demeure coûteuse du point de vue des équipements à installer. Il importe d'apprécier le rôle et la place des femmes dans ces fermes, leur mode d'accès à l'eau et de

113

manière générale les questions de genre dans la conception et la mise en œuvre du Plan REVA.

Boundoum est un village de la communauté rurale de Diama (Ex Ross Béthio), situé dans la région de Saint-Louis. Il abrite une partie de l'un des plus grands périmètres de la Société d'Aménagement et d'Exploitation du Delta du Fleuve Sénégal et de la Falémé (SAED) : 3200 hectares aménagés avec des équipements de pompage, d'irrigation et de drainage.

Intervenant sur une question peu documentée, la recherche s'est évertuée à apporter une contribution à la compréhension des relations de genre dans l'accès à une ressource aussi importante que l'eau dans les périmètres irrigués. Il importait de l'encadrer par des principes de nature à maximiser ses chances de réussite. L'option participative a été l'un des piliers de la recherche. Les cibles ont été associées au diagnostic de leur propre situation. Pour ce faire, elles ont été impliquées dans la collecte et l'analyse des données. Les restitutions ont parachevé leur implication dans le processus d'investigation et favorisé l'appropriation des résultats de la recherche.

La recherche devait déboucher sur l'action. Les résultats des investigations doivent être réinvestis dans la recherche de solutions concrètes aux problèmes identifiés. C'est ainsi que, sur les bases des contraintes, des aspirations identifiées à l'issue du processus d'investigation, des outils et une stratégie de plaidoyer pour promouvoir l'adhésion des communautés et des autorités à l'effectivité des droits économiques des femmes, en particulier le droit à l'eau à usage agricole ont été proposés. La problématique de l'effectivité du droit (ou des droits) appelle un recours à plusieurs disciplines comme l'anthropologie juridique, la sociologie, le droit, l'Histoire, etc. Dans le cadre de ce projet de recherche – action, la pluridisciplinarité a été une option constante tant du point de vue de la composition de l'équipe de recherche et d'enquête que de l'approche des différentes questions abordées.

Au titre des constats principaux, il faut souligner que les discriminations et disparités de genre existent dans l'accès et le contrôle de l'eau à usage agricole. Des initiatives correctives sont prises par les sociétés d'aménagement, mais demeurent insuffisantes et inadaptées.

Des textes non discriminatoires en apparence, mais peu sensibles au genre

Le Sénégal a opté pour un développement économique essentiellement basé sur la maîtrise de l'eau. Cette option doit, pour être viable, s'appuyer sur un cadre juridique et institutionnel adapté. Comment se présente ce cadre juridique ? S'est-il révélé pertinent ?

Le premier principe est celui de la domanialité publique des eaux.

Le domaine public est constitué de l'ensemble des biens du domaine de l'État mis à la disposition du public. La règle qui prévaut pour l'accès au domaine est celle de l'égalité des usagers : cette égalité n'est pas mathématique, mais proportionnelle. Elle signifie que tous les usagers se trouvant dans une situation identique sont soumis aux mêmes conditions d'accès. L'intérêt général ou la diversité de statut (riverain ou non, résident ou non, citoyen ou étranger) peuvent donc justifier des discriminations sans tomber dans l'injustice.

À cela s'ajoute la règle de la gratuité d'accès : l'exercice du droit d'usage sur le domaine public est libre et gratuit en principe. Mais il peut donner lieu à des redevances répondant au souci d'inviter les usagers à contribuer au fonctionnement de l'ouvrage. C'est ainsi que les bénéficiaires de réseaux d'adduction d'eau sont astreints au paiement d'un prix malgré le caractère domanial des eaux.

La spécificité de la domanialité de l'eau réside dans le fait que l'utilisation des eaux domaniales est en principe une utilisation consommatrice. En effet, le titulaire d'une autorisation d'occuper sur le domaine public foncier ne peut, en principe, en modifier la consistance. À la fin de l'autorisation d'occuper, il restitue à l'État la même superficie qui lui avait été affectée. Mais le titulaire d'une autorisation d'utilisation des eaux est fondé à en modifier la consistance puisqu'il consomme l'eau et de ce fait la soustrait du domaine public. Ainsi, au Sénégal comme dans les autres pays du Sahel, l'eau est un bien commun affecté à l'usage de tous selon le principe de la domanialité publique. La protection de cette ressource précieuse appelle un autre principe non moins important : celui de la gestion rationnelle. Dans un contexte d'aridité, on comprend aisément la volonté du législateur de protéger les ressources en eau indispensables au maintien et au développement de la vie. L'hygiène de l'eau est un principe fondamental de tous les textes sur l'eau. La pollution des eaux est interdite et sanctionnée. L'État et ses démembrements sont investis de la responsabilité de protéger toutes les sources d'eau potable et de combattre les gaspillages.

Les textes sur l'eau sont apparemment neutres et n'admettent pas de discriminations, voulues, basées sur le sexe. Mais ils sont en déphasage avec la plupart des instruments internationaux qui recommandent aux États de prendre des mesures positives pour faire cesser les discriminations de fait.

C'est ainsi que la Convention sur l'Elimination de toutes les formes de Discrimination à l'égard des Femmes adoptée le 18 décembre 1979 par l'Assemblée Générale des Nations Unies recommande aux États signataires de prendre toutes les mesures pour abolir les discriminations sexuelles de droit et de fait dans tous les secteurs de la vie économique, politique et sociale. L'article 14 de la Convention, par exemple, dispose que : « *les États parties tiennent compte des problèmes particuliers qui se posent aux femmes rurales et du rôle important que ces femmes jouent dans la survie économique de leurs familles, notamment par leur travail dans les secteurs non monétaires de l'économie, et prennent toutes les mesures appropriées pour assurer l'application des dispositions de la présente Convention aux femmes des zones rurales* ». Le protocole additionnel à la Charte africaine des droits de l'Homme, relatif aux droits des femmes dans son article 15-a relatif à la sécurité alimentaire invite les États signataires à prendre

116

les mesures nécessaires « *pour assurer aux femmes l'accès à l'eau potable, aux sources d'énergie domestique, à la terre et aux moyens de production alimentaire* ». L'article 19-c relatif au développement durable astreint les États à « *promouvoir l'accès et le contrôle par les femmes des ressources productives, telles que la terre* ».

En novembre 1992, les Nations-Unies décident d'ajouter le droit d'accès à l'eau au nombre des droits économiques, sociaux et culturels, faisant ainsi de l'accès à l'eau un droit humain universel. Cette Observation générale sur le droit à l'eau, adoptée par le Comité des Nations Unies pour les droits économiques, sociaux et culturels est ainsi une étape importante dans l'histoire des droits de l'homme. Le Comité estime que le droit à l'eau est « *la condition préalable à la réalisation de tous les autres droits* ».

La Constitution de la République du Sénégal affirme que les hommes et les femmes sont égaux en droit, affirme également que les femmes ont accès à la terre, mais reste silencieuse sur l'accès des femmes à l'eau.

Le code de l'eau est resté statique dans un contexte dynamique d'évolution constante des ressources en eau et de multiplication des enjeux autour de ces ressources. Le contenu de ce code est par endroits rébarbatif et insuffisamment vulgarisé. Les premiers décrets d'application du code n'ont été pris que 17 ans plus tard. De nombreuses dispositions sont en attente faute de textes d'application. Entre temps, les acteurs se sont livrés à des interprétations divergentes des principes posés par ce code.

Carte 1 : Zones d'intervention de la SAED

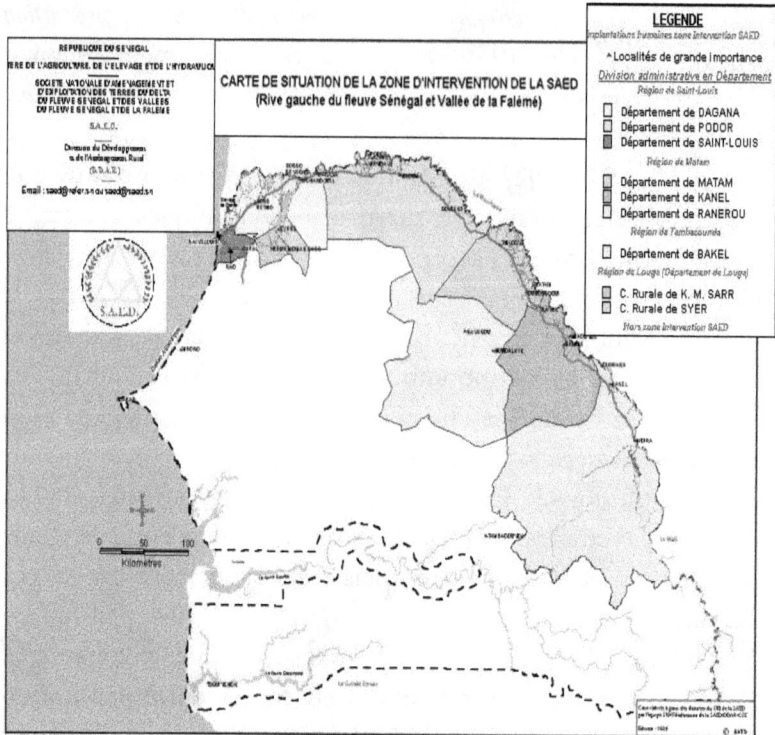

Le régime financier de l'eau constitue une autre nébuleuse. L'article 16 du code de l'eau prévoit que l'autorisation de prélèvement de l'eau est soumise à une redevance. Le titulaire de l'autorisation doit également supporter les frais de dossier. L'article L 25 du code de l'environnement dispose que les installations classées pour la protection de l'environnement sont assujetties à des droits et taxes. L'article L 49 du même texte précise que l'étude d'impact est établie à la charge du promoteur. La résolution 00249/CM/SM/P du 08 janvier 1994 a institué la taxe l'Organisation pour la Mise en Valeur du Fleuve Sénégal (OMVS). On note donc une superposition de taxes et redevances sans qu'il soit spécifié expressément si l'une exclut l'autre ou si l'une est prioritaire sur l'autre. Dans la pratique, le paiement de ces taxes est peu effectif. Le montant de la taxe OMVS est souvent négocié si la taxe n'est pas contournée. Cette confusion crée la suspicion et des situations de conflits entre les débiteurs et les agents de recouvrement. Il est évident que dans cette situation confuse, les femmes sont perdantes. En effet, lorsque le paiement de l'eau est obligatoire, les hommes sont en avant, car le système social les favorise du point de vue de l'accès aux ressources financières ; lorsque le paiement est négociable, la priorité est presque toujours donnée aux hommes qui sont présents dans les instances de négociations.

Le statut de l'eau au regard de la réglementation en vigueur renferme un certain flou juridique. Tantôt l'eau est considérée comme bien domanial sous le contrôle de l'État, tantôt elle est perçue comme ressource naturelle (compétence de la collectivité locale). Selon l'article 2 du code de l'eau[15], « *Les ressources hydriques font partie intégrante du domaine public. Ces ressources sont un bien collectif et leur mise en exploitation sur le territoire national est soumise à autorisation préalable et à contrôle* ». Mais l'eau n'est pas seulement un bien du domaine public ; elle est également une ressource naturelle. Aux termes du décret 96 1134 du 27 décembre 1996 portant application de la loi portant transfert de compétences aux régions, aux communes et aux communautés rurales, en matière d'environnement et de gestion des ressources naturelles, « *les ressources naturelles sont l'ensemble des ressources comprenant, l'eau, l'atmosphère, la végétation, le sol, la faune et les combustibles fossiles. L'environnement est le système dynamique défini par l'ensemble des éléments cités à l'alinéa précédent ainsi que leurs interactions* ». Ici donc, l'eau est envisagée comme une ressource dont la disponibilité et la maîtrise produisent des effets sur les autres ressources avec lesquelles elle partage l'environnement. L'eau est même la ressource mère qui donne de la valeur à la terre, accueille la faune, entretient le couvert végétal. Pour le Professeur Serigne Diop, « *Le code de l'eau a consacré la domanialité publique de l'eau dans le but de soustraire*

---

[15] Loi n° 81 13 du 4 Mars 1981 portant code de l'eau, JORS N° 4828 du 11 mai 1981, pages 411 à 418.

119

l'ensemble des ressources en eau à toute appropriation privée. Cette soustraction de l'eau aux organismes et aux personnes privées est-elle compatible avec la loi sur le domaine national, qui permet au paysan un "droit" d'usage sur sa parcelle ? Un effort devra être entrepris pour l'harmonisation de ces deux composantes essentielles à l'agriculture irriguée » (Diop, 1998).

Le Sénégal est un pays où la politique de décentralisation est assez avancée par rapport à certains pays de la sous-région. La décentralisation, en rapprochant les centres de décision des citoyens, offre une fenêtre d'opportunité pour une meilleure participation des femmes dans la gestion des ressources locales et la facilitation l'accès de ces femmes à ces ressources (MacLan, 2003)[16]. Malheureusement, sur ce point, l'on n'a pas su tirer profit des opportunités de gestion solidaire et concertée qu'offre la proximité locale. Les femmes sont généralement exclues des instances décisionnelles où elles auraient pu défendre leurs droits d'accès à l'eau.

La collectivité locale est administrée par une assemblée élue au suffrage universel. Mais le processus électoral est dominé par la politique en ce sens que nul ne peut être candidat aux élections locales s'il n'est pas investi comme tel par un parti politique ou une coalition de partis. Le libre choix des électeurs est ainsi restreint par la reconnaissance juridique des partis politiques comme seules instances devant choisir les personnes à élire. Or, le contexte culturel ne prédispose pas toujours la femme à faire la politique, passage obligé pour accéder aux instances locales. Même si les effectifs des partis sont dominés par les femmes, les instances de ces partis sont accaparées par les hommes et ce sont ces instances qui choisissent les candidats à investir.

---

[16] MacLan, Melissa (2003): Developing a research agenda on the Gender Dimensions of Decentralization: Background paper for the IDRC 2003 Gender Unit Research Competition.

Graphique 5 : **Présence des femmes dans les instances décisionnelles locales au Sénégal**

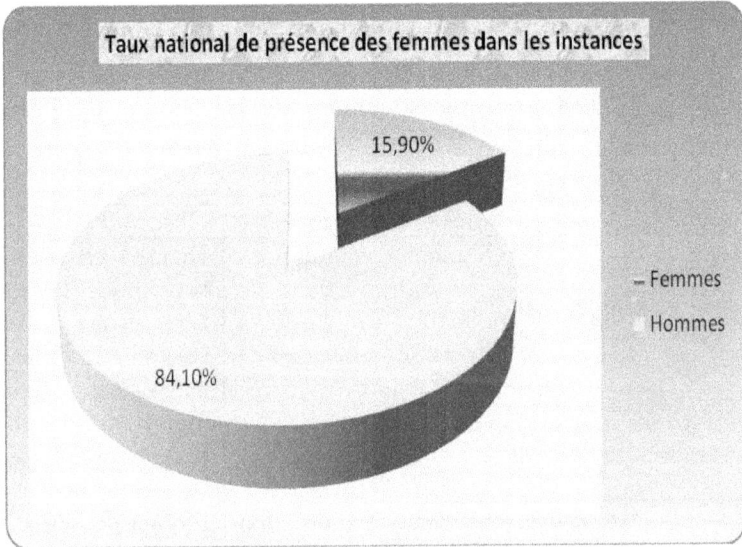

Taux national de présence des femmes dans les instances

15,90%

84,10%

– Femmes

  Hommes

Source : UAEL, 2012

De manière récurrente dans le contexte local, la femme rurale, malgré son poids démographique fait l'objet de discriminations quant à l'accès aux facteurs de production : terre, eau, matériel, crédit, etc. Pourtant, l'article 9-1-C du protocole additionnel à la Charte Africaine des Droits de l'Homme et des Peuples relatif aux droits des femmes recommande aux États de garantir que les femmes soient des partenaires égales des hommes à tous les niveaux de l'élaboration et de la mise en œuvre des politiques et des programmes de développement. Cette disposition s'oppose à l'accaparement par les hommes des instances chargées de définir la politique agricole des États partie à la convention. La présence équitable des femmes dans les instances de prise de décision garantit, en principe, la prise en compte des préoccupations spécifiques des femmes.

Une multiplicité des acteurs institutionnels prévaut dans les périmètres irrigués : les parcelles sont affectées par le conseil rural ; l'eau est distribuée par l'État à travers la SAED ; la redevance eau est recouvrée par l'OMVS.

Les textes en vigueur engagent une multiplicité d'acteurs dont le rôle n'est pas toujours clairement défini.

Tableau 5 : Les principaux acteurs de la gestion de l'eau au Sénégal

Acteur	Rôle et responsabilités	Observations
Etat	Définition et mise en application de la politique de l'eau à travers le ministère de l'hydraulique	La mise en œuvre de la politique de l'eau au Sénégal est soutenue par plusieurs partenaires (Banque Mondiale, BAD, Coopération française, etc.
Services extérieurs de l'Etat	Application de la politique de l'eau dans les circonscriptions administratives	Il s'agit du service des eaux et forêts, du service régional de l'Hydraulique, des brigades des puits et forages
OMVS	Gestion des barrages	Les utilisateurs d'eau sont tenus de payer la taxe OMVS, ce qu'ils ne font pas régulièrement
Collectivités locales	Gestion des points d'eau	Les communautés rurales sont compétentes pour la gestion et l'utilisation des points d'eau de toute nature
Comités de gestion de l'eau	Gestion des ouvrages de proximité	Il s'agit des forages, puits, abreuvoirs, bornes fontaines, etc. situés dans les villages
CODESEN	Plaidoyer pour la prise en compte des aspects	La CODESEN comprend plusieurs

	environnementaux et des intérêts des producteurs dans la gestion des barrages	ONG dont la RADDHO, le RADI, l'USE, etc.
Unions hydrauliques	Gestion des ouvrages d'irrigation et de drainage	Ce sont des organisations communautaires qu'on retrouve dans la vallée du Fleuve Sénégal
Le secteur privé	Gestion technique et maintenance des ouvrages	Cette intervention est onéreuse et se heurte parfois à l'insuffisance des ressources budgétaires du maître de l'ouvrage
Associations d'émigrés	Fonçage de puits, adduction d'eau	
Cours et tribunaux	Règlement des différends liés à l'eau	Les recours judiciaires relatifs aux conflits hydriques sont plutôt rares
Maisons de Justice, Autorités religieuses et coutumières	Médiation en cas de conflit sur l'eau	Le recours à ces autorités n'est pas systématique

Bien souvent, on assiste à une confusion dans la gestion qui profite aux hommes. En effet, en l'absence de compréhension et d'application générale du droit moderne des ressources naturelles supposé non discriminatoire, c'est le droit coutumier qui s'applique. Or ce droit repose sur des préjugés sexistes qui placent la femme au second rang dans l'accès aux ressources et au pouvoir de décision sur les ressources.

La négation des droits coutumiers notamment sur la terre et l'eau à travers le parachutage de textes manifestement étrangers à l'univers mental des populations rurales crée un effet de rejet et de résistance. « *Dans l'expression tenace de ses coutumes, sous des modes extrêmement variés, le rural a quelque chose d'irréductible. La construction d'une nation qui suppose l'élaboration d'un droit positif unique en l'espace de*

123

seulement quelques décennies - et parfois aussi après plus d'un siècle de législation coloniale - est difficile et douloureuse : elle se fait au prix de compromis et de transactions aussi bien avec la loi religieuse dont la légitimité ne semble pas pouvoir être contestée qu'avec la coutume qu'on ne peut toujours délester de la gestion des affaires locales » (Bédoucha 2003 : 155).

Nonobstant le droit étatique, la terre et l'eau, par exemple, restent placées sous le contrôle d'autorités coutumières. Cette conception est pratiquement identique dans tous les pays du Sahel. Tignougou Sanogo signale que « *Pour saisir la réalité du droit coutumier malien de la terre, il convient de se départir des concepts occidentaux. En effet, au caractère écrit et codifié du droit occidental s'oppose l'aspect vécu et oral de la coutume. À l'individualisme du Code civil s'oppose la solidarité du groupe résultant de la tradition. Enfin, à la laïcité du droit moderne s'oppose la nature religieuse de la coutume. En vérité, le problème fondamental que suscite l'analyse du droit coutumier de l'eau et de la terre est celui de la détermination de la nature juridique des droits exercés collectivement pour les populations en un lieu donné (zone de culture, d'élevage, de pêche ou de chasse). Dans la recherche d'une solution, on se rend assez aisément compte de l'inaptitude des mécanismes du droit moderne à traduire la physionomie véritable de ces droits, autrement dit à déterminer leur nature juridique. Il faut alors recourir à la religion pour fixer les contours du droit coutumier. Une analyse rigoureuse de celle-ci permet de mettre en lumière un certain nombre de principes : appartenance de l'eau et de la terre à des divinités, reconnaissance de simples droits d'usage aux humains. La propriété des divinités sur l'eau ou la terre procède de la religion animiste, qui considère les deux éléments comme sacrés et inaliénables* » (Sanogo 1998 : 251-252). Un peu partout en Afrique, « *les eaux domaniales naturelles sont considérées par les paysans comme le bien de tous et non celui de l'État exclusivement* » (Dissou 1992).

Ainsi, l'application du droit moderne favorable à l'égalité des sexes, du moins en théorie, est fortement compromise par les survivances du droit coutumier d'inspiration sexiste.

De l'analyse genre du cadre juridique de l'eau à usage agricole, il ressort les constats que les textes sont neutres en apparence, mais ne tiennent pas compte des contraintes et des besoins spécifiques des femmes notamment dans le coût de l'eau et l'équilibre de genre dans la composition des instances chargées d'affecter les parcelles inondées aux usagers.

Des disparités de genre persistantes

Par rapport à la position de la parcelle sur le site en relation avec le cours d'eau, 65, 5 % d'hommes estiment être proches du cours d'eau contre 57,7 % des femmes. 23,4 % des femmes interrogées, soit près du quart, estiment que la position de l'exploitation (éloignement de la parcelle de la source d'eau) pose des problèmes d'approvisionnement en eau, contre seulement 8 % des hommes. Il a été constaté à Ronkh et Boundoum Barrage notamment, même si cela n'est pas systématique, que les femmes bénéficiaient parfois de parcelles éloignées de la source d'irrigation.

Graphique 6 : Existence de difficultés pour accéder à l'eau à usage agricole

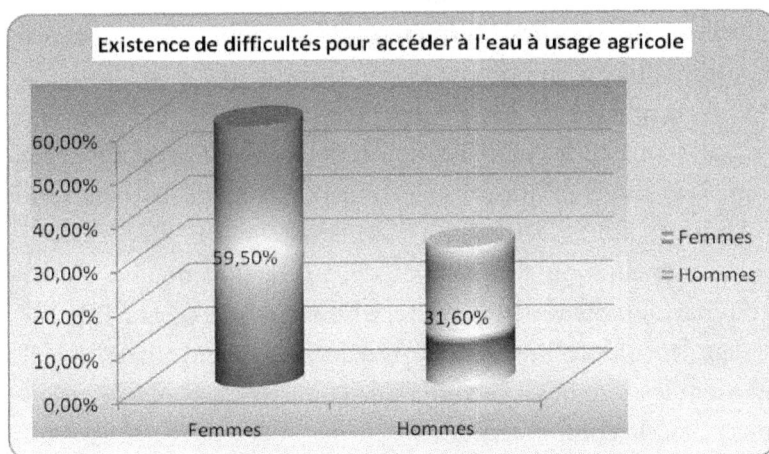

59,5 des femmes contre 36,1 % des hommes disent rencontrer des problèmes pour accéder à l'eau à usage agricole. Les problèmes d'accès à l'eau signalés par les femmes sont, à l'analyse, communs aux hommes et aux femmes, mais ils sont vécus plus

difficilement par les femmes ; ils sont liés aux coupures d'électricité créant des ruptures dans les flux d'eau, aux inondations qui détruisent les cultures, à la cherté des factures d'électricité, au coût du gaz oïl dans les parcelles hors casier. On peut considérer que, les femmes étant plus pauvres et souvent peu éligibles au Crédit Agricole classique, éprouvent plus de difficultés que les hommes pour payer la facture d'eau et d'électricité.

Il convient de souligner que certaines contraintes d'accès à l'eau sont plus difficilement ressenties par les femmes. Ainsi, en cas de panne du forage à Kirène, la corvée d'eau est plus lourde pour les femmes qui doivent la cumuler avec les charges du ménage. Le coût de l'eau pose aussi problème aux femmes dans un contexte de féminisation de la pauvreté exacerbée par l'accaparement des sources de richesse par les hommes. Enfin, la surveillance des parcelles en cas de perturbation du rythme d'irrigation pose problème aux femmes compte tenu de leur rôle de reproduction dans la famille lorsqu'elle les oblige à rester dans le casier jusqu'à des heures tardives.

Dans les parcelles d'aménagement public, les femmes rencontrent un certain nombre de problèmes :

- Transport vers le site de production : les femmes sont tenues d'accomplir les activités domestiques avant de se rendre au champ. L'absence de moyens de transport retarde leur présence dans les parcelles.

- Augmentation des charges de production due au recours aux ouvriers agricoles : les exigences physiques de certains travaux ainsi que le volume horaire que requièrent les travaux ménagers conduisent les femmes à recourir à des ouvriers agricoles, ce qui se répercute sur la compétitivité.

- La cession aux hommes des terres affectées aux femmes : c'est une pratique courante dans le Delta qui s'explique principalement par le statut de chef de famille qui revient aux hommes et aussi par l'absence de moyens financiers pour exploiter les parcelles.

Photo 6 : Femmes en action dans le casier de Ronkh

Dans un contexte sahélien, l'eau reste rare. Or, l'aridité est source de conflits au sein des acteurs agricoles. « *La ruée vers l'eau* » (Cans 2001 : 12) plonge les divers utilisateurs dans une lutte sans merci que ne semblent pas pouvoir apaiser les valeurs traditionnelles de solidarité et de partage. À la suite de l'interrogation de Raymond Aron : « *Le pouvoir ne se partage-t-il pas parce qu'il est rare ou bien est-il rare parce qu'il ne se partage pas ?* » (Aron 1972 : 47), on peut se demander si l'eau ne se partage pas parce qu'elle est rare ou si elle est rare parce qu'elle ne se partage pas. Pour Jean-Paul Sartre, la rareté « *détermine l'aliénation de l'existence et la conflictualité de la relation humaine* » (Sartre 1983, Draï 1998 : 3). Les conflits dans l'hydraulique agricole ne sont pas sans effet sur les performances des acteurs et donc sur la consistance de la production. La rareté de l'eau en milieu rural est aggravée par le caractère aléatoire des sources d'eau. Les caprices d'une pluviométrie structurellement défaillante ont orienté beaucoup

127

d'acteurs agricoles vers les cultures irriguées où ils sont encore confrontés à de nombreuses contraintes dues notamment à la faible maîtrise des sources d'irrigation, au coût des aménagements en rapport avec les revenus agricoles, à l'inadéquation de la réglementation de la terre et de l'eau. Célestin Bomba note à cet effet que « *Tout en apportant une solution partielle au problème de la maîtrise de l'eau, beaucoup de barrages vont en créer d'autres comme la surexploitation des sols, la déforestation, le déplacement massif des populations et le développement des épidémies (malaria, onchocercose, fièvre typhoïde…). Ces nombreux impacts négatifs donnent à penser que le problème de l'eau au Sahel tient, dans bien des cas, non pas à une insuffisance des ressources hydriques, mais bien à leur gestion intégrée* » (Bomba : 1998). Dans ce contexte de pénurie et de coût élevé de l'eau, l'ordre de priorité d'accès est établi selon les rapports de forces et, bien naturellement, ce sont les hommes qui l'emportent. En effet, on estime que l'homme est le chef de famille et qu'il doit accéder aux ressources productives en priorités pour obtenir les revenus nécessaires à l'entretien de sa famille.

Si les discriminations de genre sont parfois mitigées dans l'accès à l'eau au sens strict, elles sont criardes dans l'accès à la terre et aux parcelles aménagées au sens large. L'attribution par le conseil rural est le principal mode d'accès à la terre aussi bien chez les hommes (51,7 %) que chez les femmes (50,2 %). Du point de vue de l'acquisition par attribution de la structure de gestion, les femmes (31,6 %) passent avant les hommes (29,4 %). Il a été noté sur le terrain que le conseil rural, lorsqu'il décide d'affecter la terre aux femmes, l'affecte à un groupement de femmes le plus souvent. Ce groupement par la suite répartit les parcelles entre ses membres. Manifestement, il y'a plus de solidarité dans les parcelles exploitées par les femmes que celles exploitées par les hommes.

Par ailleurs, les femmes accèdent moins à la terre que les hommes par l'achat et l'héritage.

En droit moderne au Sénégal, il n'y a aucune discrimination de sexe dans la répartition des biens à hériter. Mais, dans les localités ciblées, le droit moderne est peu connu ; c'est donc le droit religieux et le droit coutumier qui s'appliquent. Dans la succession de droit musulman (consacré par le Code de la famille), lorsque deux héritiers ont le même titre successoral, celui de sexe masculin obtient deux fois plus que celui de sexe féminin. Cette règle se justifierait par le fait que l'homme est le chef de famille et qu'à ce titre, les dépenses du ménage sont à titre principal à sa charge, ce qui est loin de refléter la réalité à l'heure actuelle. Dans l'axe Nord, des femmes héritent effectivement des terres, mais certaines d'entre elles les cèdent à leur mari, soit sous le poids de la coutume, soit par insuffisance des moyens de mise en valeur. Dans les pratiques coutumières les femmes accèdent faiblement à la terre, sauf lorsqu'elles sont chef de famille. On estime en effet que le contrôle des ressources revient de droit au chef de famille.

À Kirène, il existe des discriminations de genre dans la répartition des parcelles du périmètre REVA. Les femmes estiment ne pas être suffisamment impliquées dans la répartition des parcelles, effectuée par le Regroupement des Producteurs Maraîchers de Kirène (RPMK). Les parcelles sont occupées en priorité par les chefs de carré, donc majoritairement par les hommes.

À Ronkh, les femmes interrogées affirment : « *dans notre localité, les femmes n'ont pas de parcelles individuelles. Elles partagent un périmètre communautaire qui reste très insignifiant par rapport aux superficies qu'exploitent les hommes. On n'attribue pas de parcelle à une femme, parce que nous considérons qu'elle n'est pas par nature une exploitante agricole* ». À cela, les hommes répondent : « *l'accès aux financements constitue un obstacle majeur à l'exploitation des casiers rizicoles pour les hommes. Les femmes qui dépendent des hommes ne peuvent pas surmonter cet obstacle, donc leur accès à la terre ne pourrait trouver une justification. Dans notre localité, ni nos grand-mères, ni nos mamans n'avaient accès à la terre. Dans nos traditions, seuls les hommes ont accès à la terre. C'est cette règle qui se poursuit jusqu'à ce jour* ». Il y'a donc, à Ronkh des discriminations criardes qui privent les femmes de l'accès à la terre. Dans les cas où la femme accède à la terre malgré les préjugés sexistes, elle n'en a qu'un faible contrôle puisqu'elle n'accède presque jamais à la propriété foncière. Les femmes bénéficient d'une part collective dans le casier avec des lopins aux dimensions étriquées de 40 à 50 min 2 s par personne. Une bonne partie de ces parcelles exclusivement affectées aux femmes sont cédées aux hommes (époux des affectataires) par ces femmes elles-mêmes. Les femmes, à travers leurs groupements, sont membres de l'union des producteurs, mais, compte tenu des réalités sociologiques, n'y occupent pas de hauts postes leur permettant de défendre avec plus de force leurs droits d'accès à la terre.

À Boundoum-Barrage, les femmes n'ont pas un accès direct à la terre, celles-ci étant accaparées par les hommes. Pour obtenir un lopin de terre, elles sont obligées de payer la location à 30 000 F CFA par campagne. À Souloul, les jeunes filles se sont vues affecter une parcelle collective par les hommes. Elles estiment devoir aider leurs mamans fatiguées par le cumul des activités familiales et agricoles. Malheureusement, elles ne disposent pas de moyens pour exploiter la parcelle.

Des initiatives correctives prises...

Il a été noté des expériences assez intéressantes de correction des inégalités de genre dans l'accès aux périmètres aménagés. À Djilakh, les autorités du plan REVA ont favorisé une répartition égale des terres entre les hommes et les femmes. Il y a même plus de femmes que d'hommes dans les parcelles puisqu'on y retrouve 2 GIE d'hommes, 2 GIE de femmes et 1 GIE mixte dominé par les femmes. Dans le Delta, la SAED incite le conseil rural à réserver une partie des aménagements aux femmes ; c'est le cas à Diawar et à Boundoum Barrage. Dans ces deux cas, en plus de leurs parcelles exclusives, les femmes peuvent bénéficier de parcelles dans l'aménagement mixte. À Diawar, la majorité (18 ans) est le seul critère pour bénéficier d'une parcelle, en dehors de toute considération de sexe.

Il est évident que l'avènement des sociétés d'aménagement a contribué à réduire la privation de terre dont sont victimes les femmes, même si cela est circonscrit dans l'espace. Dans le secteur de Ross Béthio, la SAED a déployé des agents chargés de promouvoir l'égalité entre les sexes dans l'accès des parcelles aménagées. C'est donc hors des casiers aménagés que les discriminations dans l'accès à la terre et à l'eau sont plus fortes. En effet, en dehors des aménagements, les femmes bénéficient de parcelles éloignées des cours d'eau, ce qui augmente les frais de pompage alors que dans le casier aménagé, les exploitants et exploitantes payent le même prix (redevance eau) quelle que soit leur position.

... mais insuffisantes

Le système de quota pour les femmes suggéré par la SAED n'est pas respecté, car c'est le conseil rural et non la SAED qui affecte les parcelles. Dans le casier de Boundoum, la promesse du conseil rural d'accorder 10 % des terres aux femmes n'a pas été respectée et seuls 3 % des terres ont été accordées aux femmes.

Graphique 7 : Présence des femmes dans le casier de Boundoum (3 200 hectares)

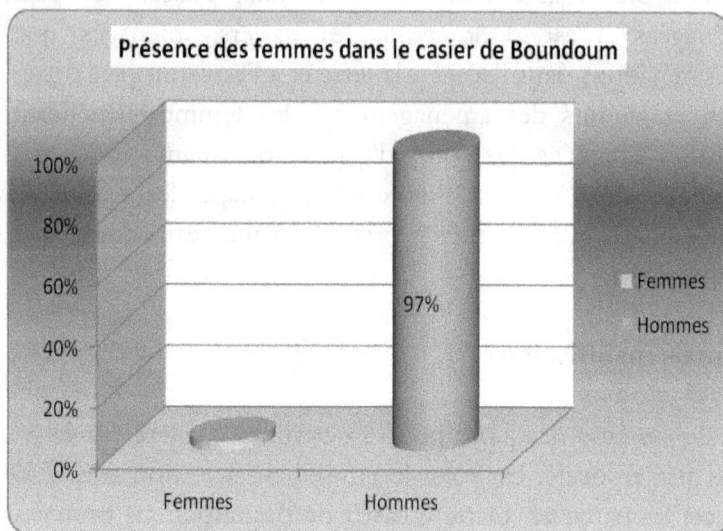

À Diawar, on observe une tentative de discrimination positive au profit des femmes dans la répartition des parcelles aménagées par la SAED. En effet, un quota de terres (22 ha) est réservé exclusivement aux femmes. Ensuite, pour les parcelles mixtes, le critère pour disposer d'une terre, c'est avoir au moins 18 ans. Par rapport à la superficie disponible, la taille des exploitations a été fixée à 0,60 ha aussi bien pour les hommes que pour les femmes. Quand on considère un couple, on attribue au mari 0,60 ha et à l'épouse 0,60 ha. Mais, dans la pratique, les deux exploitations sont groupées pour donner une superficie globale de 1,20 ha, qui devient ainsi une exploitation familiale dirigée par le mari.

Mais, dans les parcelles mixtes, les femmes affectataires, généralement, cèdent leurs parcelles à leurs époux respectifs quand elles sont mariées. Après avoir exploité la parcelle de leur épouse, les hommes leur remettent une partie de la récolte (en général entre 10 à 20 %). En cas de divorce, la femme est dépossédée de sa parcelle qui revient de droit au mari, parce que l'attribution avait été faite dans le cadre d'un foyer conjugal (carré familial).

… d'où l'intérêt du plaidoyer pour l'accès équitable des femmes à l'eau à usage agricole

Photo 7 : Formation des acteurs en techniques de plaidoyer

Les droits de l'homme valent aussi pour les femmes »[17]. Il est bon de le rappeler, car, malgré les engagements pris par les États en faveur du respect des droits humains, les femmes restent victimes de discriminations et d'injustices sociales persistantes, car banalisées. Lorsque, dans des pays en voie de développement comme ceux du

---

[17] Extrait d'une interview de Sandrine Treiner sur le site even.fr en mars 2006.

Sahel, ces discriminations conduisent à la privation de ressources, elles aggravent l'insécurité alimentaire et compromettent les efforts de sortie de crise.

Sur la base des résultats pertinents de la recherche, le Réseau Africain pour le Développement Intégré (RADI), avec l'appui du Centre de Recherches pour le Développement International (CRDI) et en partenariat avec le Réseau d'organisations de la société civile pour la Promotion de la Citoyenneté (RPC) basée en Mauritanie et le Laboratoire d'Études et de Recherche sur les Dynamiques Sociales et le Développement Local (LASDEL) établi au Niger, s'est engagé dans un plaidoyer participatif pour l'effectivité des droits économiques des femmes et l'égalité dans l'accès aux sources de production en particulier la terre et l'eau à usage agricole.

Si, pour ce combat pour l'effectivité des droits économiques des femmes, en particulier l'accès à l'eau à usage agricole, le RADI a su mobiliser des partenaires convaincus au Sénégal d'abord, puis en Mauritanie et au Niger, c'est parce que plusieurs organisations partagent avec lui la vision d'un développement participatif tenant compte de l'équilibre de genre, équilibre à établir aussi bien dans l'accès aux ressources que dans leur exploitation et leur contrôle.

Les acteurs engagés pour l'effectivité des droits économiques des femmes estiment que la privation des femmes de l'accès à l'eau à usage agricole est inacceptable dans un contexte d'insécurité alimentaire et de décentralisation. En effet, en privant les femmes de terres et d'eau à usage agricoles, on réduit leur efficacité dans l'effort national de développement alors qu'elles constituent la frange majoritaire de la population en milieu rural notamment. De plus, les collectivités locales, compte tenu de la gestion de proximité dont elles sont investies, sont mieux à même de garantir l'accès équitable des hommes et des femmes aux ressources communautaires.

Le plaidoyer tendant à la correction des discriminations dans l'accès des femmes à l'eau productive doit, pour être efficace, s'ouvrir aux pays de la sous-région vivant les mêmes contraintes.

Les résultats de la recherche (menée en Mauritanie, au Niger et au Sénégal) ont montré que le fondement des discriminations dont les femmes sont l'objet en matière agricole est lié au fait que l'agriculture elle-même est considérée comme une activité essentiellement masculine ; la femme occupe généralement un lopin exigu dans le champ de son mari et est même utilisée comme main-d'œuvre gratuite dans les champs des hommes. En matière d'agriculture irriguée, les femmes obtiennent généralement les parcelles éloignées des cours d'eau (ce qui augmente les coûts de pompage et affecte la compétitivité) et des lieux d'habitation (ce qui induit des difficultés pour concilier la distance à parcourir avec les lourdes charges ménagères).

En Mauritanie, les paradoxes persistent entre un cadre réglementaire égalitaire et les femmes qui n'en profitent pas, entre le rôle essentiel joué par les femmes dans l'agriculture irriguée et la faiblesse de leur mobilisation pour y défendre leurs droits et entre l'État qui déclare la lutte contre la pauvreté et l'absence de politiques hardies en milieu rural pouvant libérer les énergies et mobiliser le potentiel féminin. Au Niger, les femmes dans les périmètres irrigués sont marginalisées dans l'accès à l'eau d'irrigation, dans la production et dans les bénéfices tirés des exploitations. Les facteurs de cette marginalisation ont été identifiés dans les textes légaux non explicites et peu sensibles au genre qui régissent l'accès et la mise en valeur des aménagements hydro-agricoles, les règles pratiques discriminatoires de réattribution des parcelles, les traditions locales, et la pénibilité liée à la culture du riz. Au Sénégal, l'État et les sociétés d'aménagement ont déployé quelques efforts de correction des inégalités de genre dans l'accès aux périmètres aménagés, notamment par le système de quotas, mais ceux-ci restent parcellaires et peu efficaces. Le coût de l'eau pose aussi problème aux femmes dans un contexte de féminisation de la pauvreté exacerbée par l'accaparement des sources de richesse par les hommes.

Ces discriminations et disparités constituent des violations flagrantes des textes juridiques internes et internationaux qui garantissent l'égalité des sexes et l'équité de genre.

Le projet de recherche – action a, à la suite des résultats des investigations ayant conclu à la nécessité d'un plaidoyer transnational, créé des comités de plaidoyer et formé ces comités en techniques de plaidoyer.

Ces comités ont émis la revendication suivante :

Sur la base des discriminations dûment établis par les résultats de la recherche, nous RADI et partenaires, Femmes des sites de recherche organisés en comité de plaidoyer, organisations de défense des droits des femmes demandons que les femmes accèdent à l'eau à usage agricole dans les parcelles d'aménagement public au moins au même titre que les hommes.

Nous demandons que les principes d'égalité et d'équité affirmés par les textes internes et externes et matérialisés dans les documents de politique publique (SRP) soient respectés et en particulier :

- Que l'Etat et les collectivités locales prennent des mesures concrètes pour réhabiliter la femme rurale, notamment en lui garantissant un accès équitable aux ressources économiques ;

- que les demandes de terre adressées aux autorités compétentes par les femmes individuellement ou collectivement soient traitées avec la même attention que celles adressées par les hommes ;

- que les femmes bénéficient de parcelles de valeur et proches des sources d'eau ;

- que les discriminations dont les femmes sont victimes dans l'accès à l'eau productive soient expressément prohibées et, au besoin sanctionnées par les autorités compétentes ;

- que les terres inondables jadis affectées aux hommes, mais restées inexploitées depuis plusieurs années soient réaffectées aux femmes qui en font la demande et qui ont la capacité de les mettre en valeur ;

> - que les femmes bénéficient du crédit agricole et des intrants au même titre que les hommes ;
> - que le conseil de la collectivité et le représentant de l'Etat veillent à l'égalité des sexes dans l'accès et l'exploitation des parcelles aménagées.

Perspectives pour le rééquilibrage des rapports de genre

Plusieurs pistes pourraient être envisagées pour corriger les dysfonctionnements notés :

Rendre les textes sur l'eau sensibles au genre

Les textes juridiques actuels au Sénégal n'admettent pas de discriminations voulues entre l'homme et la femme. Dans la rédaction de ces textes on retrouve des expressions standards comme « tous les citoyens » ou « tout individu » qui font référence aux hommes et aux femmes sans distinction.

Mieux, le Sénégal a adopté des conventions et résolutions internationales prohibant toute discrimination sexuelle dans les politiques publiques et la vie nationale. Il en est, notamment, ainsi de la Charte des Nations Unies de 1945, de la Convention sur l'Elimination de toutes Formes de Discriminations à l'égard des Femmes, de la Charte Africaine des Droits de l'Homme et des Peuples, du Protocole additionnel à la Charte Africaine des droits de l'Homme et des peuples, relatif aux droits des femmes, le Plan d'Actions de la Conférence de Beijing tenue en 1995.

Mais, deux contraintes majeures sont à relever : d'abord l'ineffectivité de certains de ces textes laisse persister les discriminations qu'ils sont censés combattre ; ensuite, quand bien même ces textes n'admettent pas d'inégalité voulue entre les hommes et les femmes, ils ne sont pas sensibles au genre. Il est à observer que les textes ne sont pas suffisamment arrimés à la dynamique sociale actuelle au Sénégal faite de discriminations récurrentes, voire banalisées à l'égard des femmes. La neutralité d'un texte dans un domaine où persistent des discriminations sexuelles peut s'avérer insuffisante à combattre les inégalités.

L'article 15 de la Constitution du Sénégal dit clairement que : « *L'homme et la femme ont également le droit d'accéder à la possession et à la propriété de la terre dans les conditions déterminées par la loi* ». La même initiative devrait être prise pour une ressource aussi vitale que l'eau.

De manière générale, au lieu de dire « tout individu a droit à … », le législateur sénégalais, sachant que les femmes sont privées de l'accès aux ressources économiques, notamment à la terre, aurait pu dire pour être plus volontariste, plus dynamique et plus claire : « *la femme, au même titre que l'homme, a droit à … »* ou encore, « *la loi interdit toute pratique tendant à priver les femmes du droit… »*.

Promouvoir la citoyenneté des femmes

La défense des droits d'accès aux ressources est aussi une question de citoyenneté. Dans le cadre du Projet de recherche – action sur les droits économiques des femmes, les femmes visitées ont été organisées en comités de plaidoyer pour l'accès équitable à la terre et à l'eau à usage agricole. Une telle initiative devrait être consolidée et passée à l'échelle.

Promouvoir des conventions locales correctrices

A l'instar des autres pays, au Sénégal, la décentralisation, qui implique une gestion de proximité des ressources par les populations locales, n'a pas toujours favorisé une meilleure participation des femmes dans la gestion des ressources économiques locales dont l'eau (MacLan, 2003).

L'arsenal juridique de la décentralisation n'enferme pas pour autant le développement communautaire dans des carcans rigides et standards préjudiciables à la liberté des citoyens de conduire les affaires locales selon leur vision propre. C'est dans cet esprit qu'il faut appréhender le phénomène des conventions locales.

« *Les conventions locales sont des arrangements locaux élaborés par les populations pour mieux gérer leurs ressources naturelles. Elles découlent souvent d'un contexte de dégradation des ressources et d'une volonté des populations de recouvrer une situation antérieure plus favorable. Elles posent la problématique d'une gestion globale et holistique des ressources naturelles* » (Guèye et Tall 2003 : 5). Elles reposent sur les principes de base de :

- la légalité : Le contenu des conventions locales doit s'insérer dans le cadre général tracé par les lois et règlements ;
- la rationalité : La gestion durable et rationnelle des ressources constituent l'essence des conventions locales ;
- la localité : La convention locale ne se limite pas à des principes généraux et stéréotypés ; les populations d'un espace solidaire donné s'efforcent de dégager des règles propres adaptées à leur milieu et à leurs préoccupations spécifiques ;
- la légitimité : La convention locale est conçue selon un processus participatif aboutissant à un consensus à travers lequel des acteurs locaux libres et responsables expriment leur vision commune de gestion des ressources.

A partir du moment où les conventions internationales et les lois nationales ne sont pas parvenues à corriger les inégalités de genre dans l'accès aux ressources, l'idée est de profiter de la proximité qu'offre l'espace communautaire pour produire et mettre en œuvre des règles d'inspiration locale mettant d'accord tous les acteurs concernés. Il faut d'ailleurs rappeler que c'est dans le domaine de la gestion des ressources naturelles que les conventions locales ont connu un grand essor. L'idée est donc d'engager les acteurs locaux (sociétés d'aménagement, organisations d'exploitants, élus locaux, notamment) à signer des conventions organisant l'accès équilibré des hommes et des femmes aux parcelles irriguées. Ces conventions pourraient

139

prévoir l'octroi aux femmes de parcelles proches des sources d'irrigation dans les mêmes proportions que les hommes. De même que lorsqu'une parcelle est attribuée à un chef de carré, ce dernier devra procéder, dans la mesure du possible, à une répartition de cette parcelle proportionnelle au nombre de femmes et d'hommes vivant dans le ménage.

Conclusion

Au total, si on ne peut qu'avec prudence avancer la thèse de l'existence, dans l'accès à l'eau à usage agricole, de discriminations aussi patentes que celles relatives à l'accès à la terre, il demeure constant que les femmes rencontrent, dans les parcelles irriguées, un certain nombre de problèmes qui leur sont spécifiques:

- Transport vers le site de production : les femmes sont tenues d'accomplir les activités domestiques avant de se rendre au champ. L'absence de moyens de transport retarde leur présence dans les parcelles, retarde la production et nuit à la productivité. À Djilakh, ces retards sont sanctionnés par une « amende » de 500 F.
- Augmentation des charges de production due au recours aux ouvriers agricoles : les exigences physiques de certains travaux ainsi que le volume horaire que requièrent les travaux ménagers conduisent les femmes à recourir à des ouvriers agricoles.
- La cession aux hommes des terres affectées aux femmes : c'est une pratique courante dans le Delta qui s'explique par le statut de chef de famille qui revient aux hommes.
- Longue attente du tour d'eau : c'est une contrainte lancinante que les femmes parviennent difficilement à concilier avec leur rôle de reproduction lorsqu'elles sont obligées de veiller au bord de la parcelle tard la nuit.

Dans les localités visitées, les femmes sont plus ou moins conscientes des discriminations dont elles sont l'objet dans l'accès aux ressources, mais n'ont entrepris aucune activité d'envergure pour renverser cette tendance pernicieuse. Les femmes victimes attendent que des organisations externes viennent apporter des solutions à cette situation. Il y'a donc lieu de les conscientiser et de les mobiliser.

Par ailleurs, il y a nécessité d'élargir le champ de la recherche en investissant les périmètres privés où des discriminations fortes ont été aperçues compte tenu de la prédominance du droit foncier coutumier qui accorde peu de place aux femmes.

Bibliographie

Ouvrages Généraux

ALISSOUTIN, R. L., 2008, *Les défis du développement local au Sénégal,* CODESRIA, Dakar, 157 p.

LEVY-BRUHL, H., 1961, *Sociologie du droit,* Paris, PUF, p : 8-86.

Ouvrages Spécialisés

ADAMS A., 1985, « La terre et les gens du Fleuve », Paris, l'Harmattan, 125 p.

CHAMBERS, R. 1988. *Managing Canal Irrigation: Practical Analysis from South*
Asia. New Delhi, India: Oxford IBH.

BELLONCLE, G. « Participation paysanne et aménagements hydro agricoles », Paris, Karthala, 241 p.

DIEMER, G., 1987, *L'irrigation au Sahel,* Paris, Karthala, 210 p.

DIOP, 1992, Droit des femmes et accès au foncier, une citoyenneté à conquérir, Dk, GESTES/CRDI.

DIOP, F., et al. (2012), Droit des femmes et accès au foncier, une citoyenneté à conquérir, Edition Harmattan, Paris,

DIOUF, E., « l'effectivité du droit à l'alimentation dans les pays pauvres », Editions Universitaires Européenne, 2012, 88 pages.

DUMAIS, M., 1998, « *Femmes et pauvreté* », Montréal, Médiaspaul, collection « Interpellations », 134 p.

DZIOBON, S., 1997, « *Genre, inégalité et limites du droit* », Droit et Société 36/37, 1997, p : 227-293.

ENDA/PRONAT, 2011, Oser faire tomber les barricades : Plaidoyer pour une plus grande équité des droits des hommes et des femmes en matière foncière au Sénégal

GUERIN, I., 2003, *Femmes et Economie solidaire,* Paris, La Découverte, 234 p.

Hessling et al. (1986), Droit foncier au Sénégal, L'impact de la réforme foncière en Basse Casamance. Rapport de recherches, Africa Studies Center, Leiden/Netherlands.

HOFMANN, E. et MARIUS-GNANOU, K., Le microcrédit pour les femmes pauvres – Solution miracle ou cheval de Troie de la mondialisation ? in *Etat du débat Regards de femmes sur la globalisation : approches critiques sur la mondialisation,* (dir.J.Bisilliat), Karthala, 2003.

JOUVE, A., *Maîtriser l'eau pour combattre la famine au Sahel,* L'info – Développement durable, OIF, 2004.

OCKRENT, C., 2006, *Le livre noir de la condition des femmes,* XO Editions, 777 pages.

VIGOUR, C., 2005, *La comparaison dans les sciences sociales,* Paris, La découverte, p. 7.

1) Thèses, Rapports Et Articles

ALISSOUTIN, R., 2006, *La gestion de l'eau en milieu aride,* Thèse de doctorat d'Etat en droit, Université Gaston Berger de Saint-Louis.

ALISSOUTIN, R., 2007, « *Les institutions favorisent-elles l'accès de la femme rurale aux ressources malgré un cadre légal très favorable marqué par l'adhésion de la plupart des pays concernés à l'ensemble des conventions internationales en faveur de la promotion des droits de la femme ?* », Stage de Formation sous-régional en matière de lutte contre la pauvreté des femmes en milieu rural, ISESCO/AMAI/UNIFEM, Dakar.

Allély D., Drevet-Dabbous O., Etienne J., Francis J., Morel A L'Huissier A., Chappé P., Verdelhan Cayre G., 2002 : Genre, eau et développement durable, Expériences de la coopération française en Afrique subsaharienne, pS-Eau, AFD, Ministère des Affaires Etrangères, Banque Mondiale, Collection Etudes et Travaux, Editions du GRET, Paris, 2002.

BACH D., 1983, « The Politics of West African Regional Cooperation: CEAO and ECOWAS», *Journal of Modern African Studies,* vol. 21, n° 4, pp.601-621.

BANQUE MONDIALE, *Genre et Développement économique*, 2004.

BOP, C., 1998, « *Etude sur l'Accès des Femmes aux Ressources Foncières et Technologiques».* Rapport de Consultation pour la Commission Economique des Nations Unies pour l'Afrique. Addis Abeba.

BOUYA, A., 2005, «*La Féminisation de la pauvreté en Afrique centrale: réalités et perspectives au Congo* », Colloque Régional « Sciences sociales et lutte contre la pauvreté en Afrique ».

BRUNS, B. et MEINZEN-DICK, R., 1998, *Negotiating Water Rights in Contexts of Legal Pluralism: Priorities for Research and Action* Working Draft - International Food Policy Research Institute- Governance - Water/Watersheds/Irrigation

COHEN, N., 1997. Implementing community advisory panels: Essentials for success.

Interact: The Journal of Public Participation 3 (1): 30-37.

COWARD, E. Walter Jr., 1980, Irrigation Development: Institutional and Organizational Issues. In E. Walter Coward, Jr. (ed.) *Irrigation and Agricultural Development in Asia: Perspectives from the Social Sciences.* Ithaca: Cornell University Press.

COWARD, E. Walter, Jr, 1986, Direct or Indirect Alternatives for Irrigation Investment and the Creation of Property. In K. William Easter (ed.) *Irrigation Investment, Technology and Management Strategies for Development.* Boulder, CO: Westview Press.

COWARD, E. Walter, Jr., 1990, Property Rights and Network Order: The Case of Irrigation Works in the Western Himalayas. *Human Organization* 49 (1):78-88.

CRINOT, L., 1998, « L'accès à la terre et à l'eau en milieu rural, le contexte juridique en vigueur au Bénin » in Françoise et Gérard Conac (dir.), *La terre, l'eau et le droit en Afrique, à Madagascar et à l'Ile Maurice*, Bruylant /AUPELF – UREF, pp. 100-101.

DESAGE, F., 2006, « *Comparer pour quoi faire, le point de vue d'un monographe* », Working Paper 06-01, Université de Montréal.

DUDLEY, N. J. 1992. Water Allocation by Markets, Common Property and Capacity Sharing: Companions or Competitors. *Natural Resources Journal* 32 (Fall):757-778.

EDELMAN, J., and Mary B., 1993, *The Tao of Negotiation: How to Resolve Conflict in All Areas of Your Life*. London: Piatkus.

FAO, 1994, Rapport national sectoriel sur les femmes, l'agriculture et le développement rural.

FELBER, R, MÜLLER, M., et DJIRE, M., 2006, *Le rôle des organisations de la société civile dans le processus de la décentralisation* : Étude exploratoire au Mali ; Université de Bamako

FISHER, R., William U., and Bruce P. 1991, "Getting to Yes: Negotiating Agreement Without Givingé *In*, 2nd ed. New York: Penguin Books.

FOL, N., MCKENZIE, D., 2006, « Le lourd fardeau de Kilima : l'accès à l'eau est une lutte quotidienne pour les femmes du Niger », UNICEF NIGER.

GUIGOU, B., LERICCOLLAIS A., « Crise de l'agriculture et marginalisation économique des femmes sereer siin (Sénégal) », Sociétés-Espaces-Temps. 1992, I, No1, pp.45-64

GUILLET, D., *1998*. Rethinking Legal Pluralism: Local Law and State Law in the Evolution of Water Property Rights in Northwestern Spain. *Comparative Studies in Society and History* *40:1:42-70*

GRENOT, M., 2006, *Quatrième pillier : les droits économiques et sociaux,* ATD Quart Monde.

GUEYE, B., 2005, *Femmes rurales, les locomotives pour un développement durable. L'exemple des femmes des communautés rurales de Diender et Keur Moussa.* ENDA EDITIONS, Etudes et Recherches, n0 247-248, 161 p.

GRISEWOOD (ed.). *Les femmes dans les situations de crise*, Genève : Mouvement international de la Croix-Rouge et du Croissant-Rouge, 1995.

OGNI KANGA B., 1984, La femme dans l'économie de plantation. Le cas de la société Abè au Sud-Est de la Côte-d'Ivoire, Université de Provence. Département de Sociologie-Ethnologie. Aix-Marseille, France.

OLOKA-ONYANGO, J, UDAGAMA, Deepika, *Le réalisation des droits économiques, sociaux et culturels : la mondialisation et ses effets sur la pleine jouissance de tous les droits de l'homme*, Rapport préliminaire présenté à la Commission des droits de l'homme des Nations Unies, E/CN.4/Sub.2/2000/13, 15 juin 2000.

IIED-Institut International pour l'Environnement et le Développement (2006) : *Réussir la décentralisation pour une gestion durable des ressources naturelles au Sahel: Bilan des acquis d'un programme de recherche-action, d'influence des politiques et de renforcement des capacités* ;

KASSE, M. T., 2006, « Les africaines dans le piège de la pauvreté », Alternatives Internationales, www.pamabazuka.org.

LACOUR, J., 2006, « *La question foncière au Burkina Faso* », ABC Burkina, n° 176.

LASCOUMES, P., SEVERIN, E., 2006, « *Théories et pratiques de l'effectivité du droit* », Droit et Société 2.

MARCUS, G., 1986, « Contemporary Problems of Ethnography in the Modern World System. » in *Writing Culture: the Poetics and Politics of Ethnography.* Berkeley : University of California Press, p. 165-193.

MASSIAH, G., 1998, *La complémentarité des droits de l'Homme, mythe ou réalité ?, Rapport Général du* Colloque organisé par ARTICLE PREMIER et France LIBERTES à l'occasion du 50e

145

anniversaire de la Déclaration universelle des droits de l'homme A l'UNESCO, le 18 juin 1998, à Paris.

MAYOUX L., 1998, "L'*empowerment* des femmes contre la viabilité ? Vers un nouveau paradigme dans les programmes de microcrédit", *Les silences pudiques de l'économie, Économie et rapports sociaux entre hommes et femmes.* Textes réunis par PREISWERK, Y., Commission nationale suisse pour l'Unesco, Direction du développement et de la coopération, Genève, Institut Universitaire d'Etudes du Développement.

MELHEM, D., 2007, L'Islam et les droits de l'homme : L'Islamisme, le droit international et le modernisme islamique, Canada, Collection Diké, Les presses de l'Université Laval, 2004, 184 p.».

MINISTERE DE L'EMPLOI (France), 2007, *Egalité professionnelle entre les femmes et les hommes*, Paris, Editions Liaisons, 100 p.

MUKHOPADHYAY, M., 2005, Decentralization and Gender Equity in South Asia: An Issues paper

OBANDO, A., 2003, « Les femmes et la privatisation de l'eau », Women's human rights net, WHRNet.

OFEI-ABOAGYE, E., 2000, Promoting the Participation of Women in Local Governance and Development: The Case of Ghana; Institute of Local Government Studies, Legon, Ghana

Organisation Internationale du Travail (OIT), 2000 : *Genre, pauvreté et emploi : guide d'action.*

OLOKA-ONYANGO, J, UDAGAMA, D., 2000, *Le réalisation des droits économiques, sociaux et culturels : la mondialisation et ses effets sur la pleine jouissance de tous les droits de l'homme*, Rapport préliminaire présenté à la Commission des droits de l'homme des Nations Unies, E/CN.4/Sub.2/2000/13.

ONU, 1995, Programme d'action de la Quatrième conférence mondiale des Nations Unies sur les femmes.

REPUBLIQUE ISLAMIQUE DE MAURITANIE : Cadre stratégique de réduction de la pauvreté (Mauritanie), Octobre 2000

REPUBLIQUE DU NIGER, Ministère du développement agricole : Éducation des populations rurales en Afrique Rapport national du Niger ; Préparé par Diop Amadou.; Septembre 2005

REPUBLIQUE DU SENEGAL, Ministère de l'Economie et des Finances, Direction de la Prévision et de la Statistique (2004) : *Enquête Sénégalaise auprès des Ménages (ESAM III)*.

SARTORI, G., 1994, *Bien comparer, mal comparer*, Revue internationale de politique comparée, vol. 1, n° 1, p 19-36.

SAVANE, M. A., 1986, *Femmes et développement en Afrique de l'Ouest*, Genève, UNRISD, 217 p.

SARR, Binta, Féminisation de la pauvreté au Sénégal, Message, FOREL   AFRICA, http://www.local.attac.org/forel/africa/msg00078.html

Srinivas, M. N., Shah, A. M., Ramaswany, E. A., 1979, *The Fieldworker and the Field: problems and challenges in sociological investigations*, Delhi, Bombay, Calcutta, Madras : Oxford University Press.

THIOUBOU, A., 2002, *Femmes et utilisation des resources naturelles au Sahel*, Les peneloppes.

UNIFEM, 2003, Femmes, Environnement, Eau : Réflexions sur la promotion et la protection des droits des femmes à l'eau ("Women, Environment, Water: Reflections on the Promotion and Protection of Women's Right to Water").

WEDO, "Liens inexploités: Différences entre les sexes vis-à-vis de l'usage et la gestion de l'eau" ("Unwritten Connections: Gender Differences Regarding the Use and Management of Water")

WILDAF, 2006, *Plaidoyer pour l'effectivité des droits des femmes au Bénin*.

2) Instruments Juridiques

- Code de l'eau (Loi 81-13 du 14 mars 1081)
- Code de l'Hygiène (Loi 83-11 du 05 juillet 1983)
- Code des collectivités locales (Loi 96-06 du 22 mars 1996)

- Loi portant transfert de compétences aux collectivités locales (Loi 96-07 du 22 mars 1996)
- Code de l'environnement (loi 2001-01 du 15 janvier 2001)
- CEDAW: Convention sur l'élimination de toutes les formes de discrimination à l'égard des femmes, Nations Unies, 18 décembre 1979.
- Conférence internationale sur l'eau, à Bonn, en décembre 2001.
- Déclaration universelle des droits de l'homme, Nations Unies, 10 décembre 1948.
- Observation générale sur le droit à l'eau, adoptée par le Comité des Nations Unies pour les droits économiques, sociaux et culturels, 1992.
- Programme d'action de la Conférence internationale sur la population et le développement (Le Caire, 1994)
- Traité instituant la Communauté économique africaine, Abuja (Nigeria), 3 juin.

3) Sites Internet

http://www.achpr.org/francais/_info/index_ECOSOC_fr.htm
http://www.cdp-hrc.uottawa.ca/fra/doc/inter-web/ecosocint_f.php
http://www.pch.gc.ca/progs/pdp-hrp/docs/escr/escr_f.pdf
http://dsp-psd.pwgsc.gc.ca/Collection/SW21-43-1999F-3.pdf
http://www.cesr.org/
http://www.droitshumains.org/ONU_GE/Comite_Drteco/hp_desc.htm
http://www.droitshumains.org/ONU_GE/Comite_Drteco/drts-justiciables.htm
http://www.droitshumains.org/ONU_GE/Comite_Drteco/Somm_Drteco.htm
http://cadmus.eui.eu/dspace/handle/1814/3038
http://www1.umn.edu/humanrts/edumat/IHRIP/frenchcircle/M-07.htm

Conclusion Générale

Par Ramata Thioune

Cet ouvrage présente une synthèse des résultats d'une recherche menée en Mauritanie, au Niger et au Sénégal entre 2008 et 2012 sur la problématique de l'accès des femmes aux ressources naturelles ; en particulier, il traite de l'accès à et du contrôle des femmes sahéliennes sur l'eau à usage productif. D'une façon générale, les résultats ont confirmé l'hypothèse de travail générée à partir de la littérature sur l'accès des femmes aux ressources naturelles à savoir que les femmes ont un accès plus faible en quantité et en qualité aux ressources que les hommes, y compris pour l'eau à usage productif.

La recherche a examiné trois ensembles de questions qui ont été axées autour de l'accès inégalitaire entre les sexes tout en insistant sur la nécessité d'apporter des mesures correctives vue l'importance de l'eau à usage agricole ; la recherche a examiné également la déconnection entre la situation *de juré* et celle *de facto* quant aux droits des femmes et aussi elle a exploré la problématique de la l'expression de la citoyenneté des femmes.

Accès et approvisionnement en eau

L'approvisionnement en eau des parcelles est un critère incontournable de viabilité des sites, et aucun aménagement hydro-agricole ne se conçoit en dehors d'une maitrise des sources d'eau. Il existe cependant des cas de décalage entre le normatif et la pratique. C'est dans ce sens que la position par rapport à la source d'eau et les implications en termes d'accessibilité à l'eau ont été investies.

L'analyse synthétique des résultats fait ressortir des spécifiés nationales quant à la l'accessibilité physique à la ressource en eau dans les périmètres irrigués. En l'occurrence contrairement en Mauritanie (tout au moins dans les sites étudiés), au Niger et au Sénégal, les hommes détiennent des exploitations plus proches de la source d'eau comparativement aux femmes. En effet, les enquêtes ont montré que parmi les femmes en Mauritanie, le pourcentage de proximité à une source d'approvisionnement en eau est plus élevé que celui des hommes (62,7% des femmes contre 51,5% des hommes). Par contre, ce pourcentage est en faveur des hommes au Niger où 43,9% des hommes contre 33,3% des femmes sont proches de la source d'approvisionnement et au Sénégal où 65,5% des hommes contre 57,7% des femmes) sont proches de la dite source.

Cependant, au terme de cette recherche les raisons explicatives de ces différences n'ont pas pu être établies avec précision.

Contraintes pour accéder à l'eau à usage agricole

Les résultats montrent l'existence d'une part, des discriminations criardes et constantes dans l'accès aux parcelles irrigables et, d'autre part, des disparités de genre dans l'accès stricte à l'eau, une fois la parcelle obtenue, disparités d'intensité variable, d'un pays à l'autre. Ils montrent aussi des disparités dans l'exploitation et la jouissance de la production.

Le principal mode d'accès à l'eau à usage agricole pour la majorité des exploitant-es individuel-les est une source commune contre paiement de redevances (65,4% en Mauritanie, 94,7% au Niger et 89,8% au Sénégal). L'accès à partir de moyens propres existe de façon exceptionnelle en Mauritanie où elle touche 11,7% de l'échantillon, 8% parmi les hommes et 14,7% des femmes.

L'existence de problèmes pour accéder à l'eau à usage agricole est reconnue par une proportion importante des exploitant-es individuel-les à savoir 38,7% des hommes et 61,3% des femmes en Mauritanie, 95,4% d'hommes et 4,6% de femmes au Niger, 33,2% d'hommes et 66,8% de femmes au Sénégal.

Même si les résultats du Niger semblent être à l'opposé des autres pays, ces statistiques sont très éloquentes notamment quant aux contraintes auxquelles font face les femmes comparativement aux hommes pour accéder à l'eau à usage productif.

Les producteurs qui dépendent des forages sont souvent confrontés à la faiblesse des débits et aux pannes techniques qui font que l'eau n'irrigue plus les parcelles. Les exploitant(e)s sont dans ce cas soumis(e)s à la corvée d'eau qui, pour les femmes, alourdit la charge des travaux domestiques. Par ailleurs, sur certains sites les coupures d'électricité retardent l'irrigation et le drainage des parcelles, créent des ruptures dans les flux d'eau ce qui forcément en rajoute pour ce qui est des contraintes auxquelles les femmes font face.

Au Sénégal, si certains problèmes d'eau signalés sont communs aux hommes et aux femmes, il convient de noter que la cherté des factures d'électricité, le coût du gasoil dans les parcelles hors casier constituent des difficultés plus aigües chez les femmes. Ayant moins de ressources et souvent peu éligibles au crédit agricole classique, elles éprouvent plus de difficultés que les hommes pour payer la facture d'eau et d'électricité.

Lorsque les femmes accèdent aux parcelles d'aménagement public, généralement, elles accèdent automatiquement à l'eau d'irrigation autant que les hommes. Cependant ceci ne doit pas cacher l'existence de disparités de genre notamment dans le rythme d'inondation des parcelles qui ne tient pas compte des contraintes liées au rôle reproductif de la femme que lui confère la société mais aussi la position de la parcelle de la femme par rapport à la source d'eau

Par ailleurs, contrairement aux hommes, pour l'ensemble des activités d'exploitation, les femmes font, recours souvent à la main d'œuvre salariée masculine. Elles n'ont en général aucune garantie que le travail est bien effectué selon les normes techniques requises. Elles sont également confrontées à des contraintes pour ce qui est de l'acquisition des intrants agricoles lorsque les coopératives et peut-être pas besoin de le rappeler, elles ont faiblement accès au crédit agricole. L'ensemble de ces contraintes ne peuvent donc pas permettre aux femmes de tirer les mêmes bénéfices que les hommes de leurs exploitations. Cette situation les confine alors dans un état prolongé de précarité comparativement aux hommes.

Actions et revendications citoyennes

Dans leur grande majorité, les exploitant-es appartiennent à des associations ou coopératives. Mais cette forte dynamique associative n'a pas induit une mobilisation pour combattre les discriminations et disparités de genre notées. Les hommes et les femmes interrogées ignorent, dans leur écrasante majorité, les règles édictées par l'Etat pour l'accès à l'eau comme bien domanial donc collectif. En cas d'enfreinte à leurs droits d'accès à l'eau, les femmes agricultrices ont généralement deux types de réactions : la résignation ou le recours à des instances traditionnelles de gestion des conflits dominés par des hommes, qui sont souvent peu sensibles aux problèmes des femmes. Aucune initiative collective d'envergure, ni même de la part des organisations des femmes, soucieuse de renverser les tendances sexistes sur la question spécifique de l'accès à l'eau à usage agricole n'a été notée au cours de la recherche. Cette situation exige un changement de stratégies dans la mesure où le travail de la base vers le sommet semble avoir atteint ses limites, la responsabilisation des femmes elles-mêmes semble s'imposer : il y a lieu de mettre plus d'énergie sur les voies et moyens pour responsabiliser les femmes et en l'occurrence les outiller pour un accès durable et de qualité aux centres de décision.

Droits des femmes

Bien qu'étant dans un espace écologique commun, à savoir le Sahel, et aussi tous engagés dans des conventions et cadres juridiques internationaux et régionaux pour la promotion des droits, en particulier les droits économiques des femmes, il est évident que chacun des pays étudiés a des réalités agro-écologiques et socio-économiques spécifiques. Cependant, pour ce qui est des droits des femmes, les similitudes semblent l'emporter sur les spécificités. Les contextes juridiques et politiques dans chacun des trois pays sont caractérisés par l'ancrage dans les conventions et cadres juridiques internationaux et régionaux. Ces cadres coexistent et se superposent aux droits coutumiers assez conservateurs pour ce qui est de l'égalité entre les sexes, notamment lorsqu'il s'agit de l'accès et du contrôle des ressources aussi stratégiques que l'eau. Ainsi, chacun des chapitres nationaux a fait ressortir la déconnection entre d'une part les textes juridiques et autres cadres institutionnels existants en faveur de l'accès des femmes aux ressources, en particulier à l'eau, et d'autre part de leur mise en œuvre effective qui entérinent les situations d'inégalité et de discriminations qui sont prohibées par les lois et les conventions internationales. Les chercheurs ont souligné les difficultés structurelles à réconcilier ces textes à la nécessité d'actions concrètes et durables pour leur mise en œuvre soulignant la persistance des pesanteurs socioculturelles. Or, il est admis que l'autonomisation des femmes est fondamentale pour le développement économique et social et en particulier, pour l'atteinte des Objectifs du millénaire pour le développement (OMD).

Importance des droits d'accès à l'eau à usage agricole

En Juillet 2010, l'Assemblée générale de l'ONU a reconnu l'accès à une eau de qualité et à des installations sanitaires comme un droit humain. Même si cela est une avancée significative à magnifier, il faut admettre cependant que ce droit à l'eau est basé sur une perspective très partielle. En effet, l'accès à l'eau y est considéré essentiellement dans sa dimension consommation domestique. Ainsi ce droit ne réglemente pas la propriété ou l'usage de l'eau destinée en l'occurrence aux activités agricoles,

153

sans laquelle un groupe social important, en particulier les femmes rurales sahéliennes, ne saurait se prospérer.

Cette négligence de la prise en compte de la dimension productive de l'eau est également observée au niveau de la communauté scientifique ainsi que les promoteurs de l'égalité entre les sexes et des droits des femmes. En effet, la plupart des études et des activités de plaidoyer pour l'accès des femmes à l'eau tournent autour du rôle de reproduction des femmes (production des êtres humains et des relations entre eux), négligeant ainsi leur rôle productif. Ces recherches et activités de plaidoyer apparaissent comme une réaction aux dysfonctionnements de la société capitaliste et patriarcale qui est structurée autour de la division sexuelle du travail qui tend à valoriser davantage le travail des hommes par rapport à celui des femmes. Ceci a alors comme conséquence une invisibilité des besoins en eau des femmes qui sont marginalisées dans le contrôle de cette ressource, notamment dans la gestion des aménagements hydroagricoles.

Enseignements stratégiques

Cet ouvrage qui est centré sur les femmes agricultrices sahéliennes du Niger, de la Mauritanie et du Sénégal, qui sont exposées à une superposition et imbrication de plusieurs discriminations et exclusions présente un intérêt scientifique, social et politique certain.

D'un point de vue thématique, il faut souligner la pertinence de cet ouvrage, dans un monde où, toutes les prévisions semblent indiquer que, dans un avenir proche, l'accès à l'eau va se poser avec beaucoup d'acuité du fait de la rareté de plus en plus aigüe de la ressource notamment dans le Sahel. Ainsi est-il crucial de poser dès à présent le problème pour réfléchir sur des pistes de solutions possibles, notamment pour la construction de connaissances sur les contraintes majeures et les stratégies les plus appropriées pour améliorer l'accès des femmes aux ressources dans la dynamique du

154

respect de leurs droits économiques, en particulier. Ceci est particulièrement urgent dans le contexte de la reconfiguration de l'agriculture au Sahel, caractérisée de plus en plus par des systèmes de contrôle et de maitrise de l'eau et aussi par une féminisation de la paysannerie. Dans cette perspective, adoptant une démarche sexo-spécifique et tenant compte des contextes sociaux et politiques spécifiques de chacun des pays, les travaux des chercheurs impliqués dans cet ouvrage ont permis de revisiter non seulement le statut de l'eau, le cadre institutionnel de la gestion de l'eau y compris les arrangements institutionnels et les modes de gouvernance de la ressource à travers les aménagements hydroagricoles. Ils ont permis de montrer que malgré les contextes socio-culturels relativement différents, l'accès des femmes à l'eau à usage agricole dans les aménagements hydroagricoles est une problématique partagée à travers ces pays que sont la Mauritanie, le Niger et le Sénégal et certainement à travers tout l'espace Sahélien. Sa prise en charge nécessite certes des actions locales mais surtout des actions d'envergure régionale.

D'un point de vue méthodologique, ce travail a également un intérêt certain. Dans une démarche fédérative, les chercheurs ont pu conduire une recherche interdisciplinaire et participative. L'approche fédérative a permis de mutualiser les capacités techniques de recherche, les connaissances et les sphères d'influence des participants à la recherche. Cette dimension est particulièrement pertinente en Afrique de l'Ouest francophone sachant qu'il est fortement décrié la faible capacité de recherche mais aussi la faible disponibilité de connaissances rigoureusement produites. En outre, les données et les actions qui ont résulté de cette recherche constituent une base solide à partir de laquelle de nouvelles recherches pourraient être générées pour approfondir la réflexion sur cette thématique. En optant pour une approche pluridisciplinaire et participative dans l'exploration des problématiques de l'accès des femmes à l'eau à usage agricole, ce livre est allé au-delà des clivages disciplinaires et idéologiques pour explorer les contraintes objectives à l'inclusion et la citoyenneté

155

participative des femmes rurales, agricultrices au Sahel en particulier.

L'étude est davantage pertinente prise sous l'angle politique car revisitant les relations de pouvoirs au sein de société dans la gestion de l'eau dans le cadre global des droits économiques et culturels. Elle a mis en évidence les persistances et les différentes formes de discriminations à l'endroit des femmes qui en fait sont intrinsèquement liées aux systèmes de pouvoirs basés sur les relations hiérarchiques et de domination. A travers les trois contextes, les relations de pouvoirs et les injustices qui y sont associées sont similaires : la gestion des aménagements hydroagricoles suivant une logique capitaliste et patriarcale, le décalage entre les droits d'accès aux ressources reconnus et l'effectivité de ces droits découle de la société à prédominance masculine, ancrée dans les cultures et apparait alors normal!

En outre, les chercheurs ont montré le cercle vicieux dans lequel se meuvent les femmes notamment par le fait que les rapports sociaux de sexes que véhicule le pouvoir des hommes, affectent les politiques et programmes, en l'occurrence les programmes de sécurisation et de distribution de l'eau au sein des aménagements hydro-agricoles qui agissent à leur tour sur ces rapports sociaux. Les auteurs ont fait ressortir la nécessité d'attaquer cette « normalité » mais en usant d'autres approches, dont celle privilégiée dans ce travail est la production de connaissances et de données probantes qui vont alimenter les plaidoyers et autres formes de lutte novatrices, sortant des sentiers battus, pour la reconnaissance du statut de productrices des femmes agricultrices sahéliennes et la concrétisation de leurs droits d'accès à cette importante ressource productive qu'est l'eau.

Par ailleurs, toujours d'un point de vue politique, les chercheurs ont mis en évidence le lien organique et fort entre les droits économiques et sociaux et les droits politiques et civils. Dans cette perspective explorant la citoyenneté des femmes, ils ont mis en évidence que cette citoyenneté ne peut être effective que si elle est active. En d'autres termes, les femmes elles-mêmes devraient être capables de reconnaitre qu'elles ont le droit d'avoir des droits et de les réclamer activement. Selon les chercheurs, ceci nécessite alors, , pour l'acquisition de cette capacité d'expression citoyenne des femmes, que des activités de capacitation et de plaidoyer soient menées dans le sens d'une meilleure responsabilisation de ces femmes et ceci en suscitant leur engagement et participation active dans les sphères de décision.

Recherches futures

Cette étude a le mérite d'examiner une question marginalisée aussi bien par les chercheurs, y compris les féministes, les décideurs publics ainsi que les organisations de défense des droits des femmes. Cependant, son caractère exploratoire et souvent descriptif a fait que certains aspects n'ont pas été approfondis bien qu'importants pour mieux saisir les contraintes auxquelles les agricultrices sahéliennes sont confrontées et y apporter des solutions. Entre autres aspects à approfondir il peut être suggéré :

- L'étude a montré la tendance des femmes à faire appel aux structures informelles de gestion de conflits qui perpétuent les discriminations à leur endroit. Une recherche sur les contraintes d'accès à la justice formelle et sur l'efficacité de cette justice formelle à assurer les droits d'accès des femmes à l'eau à usage productive pourrait s'avérer utile.

- Les chercheurs ont souligné que les organisations communautaires ne remettent pas en cause les discriminations observées à l'endroit des femmes. Alors qu'il est admis que la citoyenneté des femmes ne peut être effective que si elle est active. Alors est-il important de mener des recherches qui permettent de comprendre les conditions pour que les femmes sahéliennes pourraient faire ce saut qualitatif pour le respect de leurs droits.

-   Les données ont mis en évidence, et ceci surtout au Niger, que les femmes en général sont victimes de discriminations criardes et constantes tant dans l'accès aux parcelles irrigables qu'à l'eau d'irrigation. Sachant qu'il est admis que les femmes jouent un rôle important dans la sécurité alimentaire, il serait utile de mener des recherches qui permettraient de montrer l'incidence de ces contraintes sur la sécurité alimentaire au Sahel.

-   Il serait également utile de mener des recherches qui clarifient le lien entre l'accès des femmes aux ressources hydriques pour les besoins agricoles et la productivité en général, gage d'une sécurité alimentaire durable.